初めて学ぶ

現代制御の基礎

江口弘文・大屋勝敬 共著

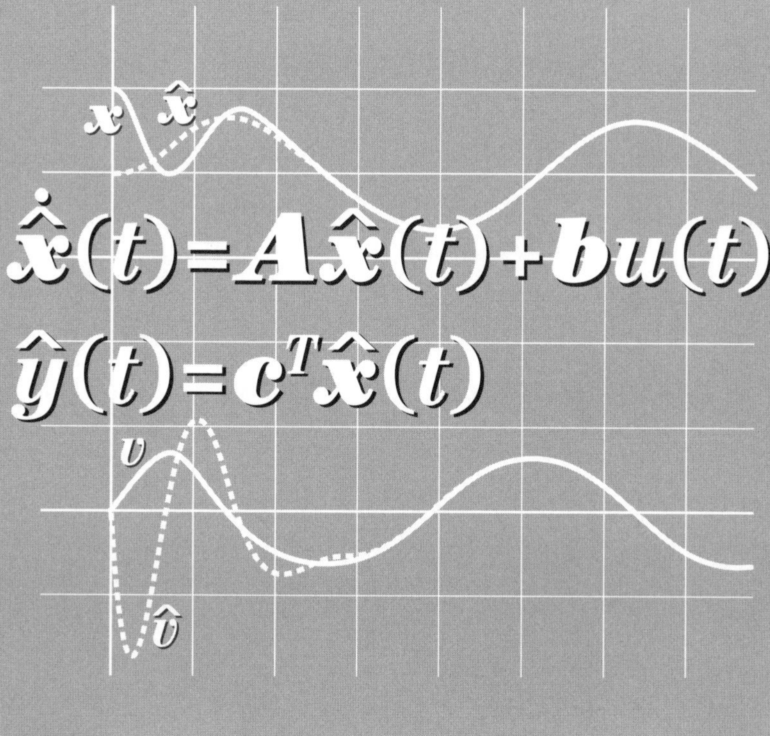

TDU 東京電機大学出版局

はじめに

本書は先に東京電機大学出版局から出版した『初めて学ぶ PID 制御の基礎』の姉妹編である．前著ではラプラス変換を基礎にした古典制御理論について高専から学部の学生を対象に解説したが，本書では線形代数学を基礎にした現代制御理論について解説した．ここでいう現代制御理論とは LQ 理論（Linear Quadratic Theory）を基本にした最適制御理論のことである．『初めて学ぶ PID 制御の基礎』と併せて制御理論の入門書として活用していただければ幸いである．

1960 年代以降急速に発展してきた現代制御理論は，数学に偏りすぎて難解になったという実感をもった研究者が少なくなかったと思う．また同時に，設計現場の技術者の間では，学者の最適制御理論賛歌とはうらはらに，最適制御理論は使いにくいもの，現実の役には立たないものというイメージが広がったのも事実だろう．しかし近年のコンピュータ技術の目覚ましい進歩は従来の単純な PID 制御よりも格段に複雑で実用的な制御を可能にしている．これからの制御技術者は最適制御を知らないというわけにはいかないし，現実の仕事の中で最適制御に遭遇することも少なくはないはずである．中でも LQ 最適制御理論はすでに制御技術者にとって必須の基礎知識になっているのである．

本書は，そのような観点から，現代制御理論を初めて学ぶ学生の入門書として例題を多用しながら平易に解説した．第 1 章から第 3 章までが現代制御理論を学ぶための基礎知識，第 4 章から第 6 章までが最適制御への導入部である．そして第 7 章では最適制御の一つの例題として LQ 理論による加速度制御問題を取り上げている．第 3 章までを江口が，残りの部分は大屋が担当した．

また，前著『初めて学ぶ PID 制御の基礎』と同様に，本書の例題で用いた Excel

VBA プログラムを東京電機大学出版局のウェブページ（http://www.tdupress.jp/）で公開している．最適制御問題を解く際に必要となるリカッチ型微分方程式を解くプログラムも併せて提示しているので，大いに活用していただければ幸いである．

最後に，著者が制御工学を志して以来一貫して丁寧なご指導を賜っている山下忠 九州工業大学名誉教授，職場の先輩後輩として常に切磋琢磨してきた久保英彦氏（現 多摩川精機株式会社顧問），また『MATLAB による誘導制御系の設計』以来，出版に際し貴重なご指導をいただいている東京電機大学出版局 植村八潮氏，詳細な校正をいただいた吉田拓歩氏に心から感謝いたします．

2007 年 5 月

著　者

目次

第1章

線形代数学の基礎

古典制御理論はラプラス変換を基本にしており，数学的な背景には複素関数論があった．ところが 1960 年代以降急速に発展した現代制御理論では，制御対象を時間領域のままで表現し，数学的な背景はベクトルと行列演算を基本にした線形代数学に移行した．数学的な基盤がまったく違ってしまったのである．そこで本章では，第 2 章以降の現代制御理論を学ぶ際に必要となる線形代数学の基礎について，要約して説明する．

1.1　行列とベクトル

$m \times n$ 個の数 a_{ij} $(i = 1, \cdots, m,\ j = 1, \cdots, n)$ を (1.1) 式のように方形に配列したものを**行列** (Matrix) という．

$$\begin{bmatrix} a_{11} & a_{12} & \cdots & a_{1n} \\ a_{21} & a_{22} & \cdots & a_{2n} \\ \vdots & \vdots & \ddots & \vdots \\ a_{m1} & a_{m2} & \cdots & a_{mn} \end{bmatrix} \tag{1.1}$$

この行列を簡単に $[a_{ij}]$ で表すこともある．また一つの記号で $\boldsymbol{A}$ としたり $\boldsymbol{A} = [a_{ij}]$ と表すこともある．a_{ij} を行列 $\boldsymbol{A}$ の**要素**と呼び，横の列を**行**，縦の列を**列**と呼ぶ．a_{ij} は行列 $\boldsymbol{A}$ の第 i 行 j 列の要素という意味である．(1.1) 式は m 行 n 列の行列であり，$m \times n$ 行列と呼ぶ．$m = n$ の場合を**正方行列**（Square Matrix）という．正方行列の場合 n を行列の**次数**という．また第４章以降では要素がすべて実数の $m \times n$ 行列の集合を $\boldsymbol{R}^{m \times n}$ で表す．

行または列の数が１である行列はベクトルと呼ばれる．１行だけからなる $1 \times n$ 行列を n 次**行ベクトル**，１列だけからなる $m \times 1$ 行列を m 次**列ベクトル**という．ベクトルの場合の各要素は**成分**と呼ばれる．成分がすべて実数の m 次ベクトルの集合を行ベクトル・列ベクトルの区別なく $\boldsymbol{R}^m$ で表す．本章ではベクトルは小文字の太字，行列は大文字の太字で表すことにする．行列 $\boldsymbol{A} = [a_{ij}]$，$\boldsymbol{B} = [b_{ij}]$，$\boldsymbol{C} = [c_{ij}]$ に対して以下の演算が定義されている．

1) 行列とスカラーの積：

$$\alpha \boldsymbol{A} = [\alpha a_{ij}] \tag{1.2}$$

2) 行列の和（差）：

$$\boldsymbol{A} \pm \boldsymbol{B} = [a_{ij} \pm b_{ij}] \tag{1.3}$$

行列の和（差）は行の数と列の数が等しい行列同士のみに定義される．

3) 行列の積：

$$\boldsymbol{AB} = \left[\sum_{k=1}^{n} a_{ik} b_{kj} \right] \tag{1.4}$$

行列の積は $m \times n$ 行列と $n \times r$ 行列について定義され，結果は $m \times r$ 行列になる．行列の積に関して以下の式が成り立つ．

結合の法則　　$\boldsymbol{A}(\boldsymbol{BC}) = (\boldsymbol{AB})\boldsymbol{C}$　　(1.5)

分配の法則　　$\boldsymbol{A}(\boldsymbol{B} + \boldsymbol{C}) = \boldsymbol{AB} + \boldsymbol{AC}$　　(1.6)

4) 正方行列とベクトルの積：

$$\boldsymbol{y} = \boldsymbol{Ax} \tag{1.7}$$

$n\times n$ 行列 $\boldsymbol{A}$ と $n\times 1$ 列ベクトル $\boldsymbol{x}$ の積は同じ次元の $n\times 1$ 列ベクトル $\boldsymbol{y}$ になり，

$$\boldsymbol{y}=\begin{bmatrix} a_{11} & a_{12} & \cdots & a_{1n} \\ a_{21} & a_{22} & \cdots & a_{2n} \\ \vdots & \vdots & \ddots & \vdots \\ a_{n1} & a_{n2} & \cdots & a_{nn} \end{bmatrix}\begin{bmatrix} x_1 \\ x_2 \\ \vdots \\ x_n \end{bmatrix}=\begin{bmatrix} y_1 \\ y_2 \\ \vdots \\ y_n \end{bmatrix},\quad y_i=\sum_{j=1}^{n}a_{ij}x_j \tag{1.8}$$

である．

5）ベクトルとベクトルの積：

二つのベクトル $\boldsymbol{x}$，$\boldsymbol{y}$

$$\boldsymbol{x}=\begin{bmatrix} x_1 \\ x_2 \\ \vdots \\ x_n \end{bmatrix},\quad \boldsymbol{y}=\begin{bmatrix} y_1 \\ y_2 \\ \vdots \\ y_n \end{bmatrix}$$

があるとき，

$$\boldsymbol{x}^T\boldsymbol{y}=[x_1,x_2,\cdots,x_n]\begin{bmatrix} y_1 \\ y_2 \\ \vdots \\ y_n \end{bmatrix}=\sum_{i=1}^{n}x_iy_i \tag{1.9}$$

をベクトル $\boldsymbol{x}$ と $\boldsymbol{y}$ の**内積**（Scalar Product）という．ここで $\boldsymbol{x}^T$ は列ベクトルから行ベクトルへの変換を意味しており**転置**（Transpose）という．(1.9) 式の内積が零になるとき，ベクトル $\boldsymbol{x}$ と $\boldsymbol{y}$ は**直交**（Orthogonal）するという．行ベクトルと列ベクトルの積はスカラーになる．また

$$\boldsymbol{x}\boldsymbol{y}^T=\begin{bmatrix} x_1 \\ x_2 \\ \vdots \\ x_n \end{bmatrix}[y_1,y_2,\cdots,y_n]=\begin{bmatrix} x_1y_1 & x_1y_2 & \cdots & x_1y_n \\ x_2y_1 & x_2y_2 & \cdots & x_2y_n \\ \vdots & \vdots & \ddots & \vdots \\ x_ny_1 & x_ny_2 & \cdots & x_ny_n \end{bmatrix} \tag{1.10}$$

であり，列ベクトルと行ベクトルの積は行列になる．さらにベクトル $\boldsymbol{x}$ について，

$$\|\boldsymbol{x}\| = \sqrt{x_1^2 + x_2^2 + \cdots + x_n^2} \tag{1.11}$$

をベクトル $\boldsymbol{x}$ の**ノルム**という．

例題 1.1　次の行列の α 倍を求めよ．

$$\boldsymbol{A} = \begin{bmatrix} 1 & 2 \\ 3 & 4 \end{bmatrix}$$

解答　$\alpha\boldsymbol{A} = \begin{bmatrix} \alpha & 2\alpha \\ 3\alpha & 4\alpha \end{bmatrix}$

例題 1.2　次の行列の和を求めよ．

$$\boldsymbol{A} = \begin{bmatrix} 1 & 2 & 3 \\ 4 & 5 & 6 \end{bmatrix},\ \boldsymbol{B} = \begin{bmatrix} -3 & 2 & 1 \\ 6 & 5 & -4 \end{bmatrix}$$

解答　$\boldsymbol{A} + \boldsymbol{B} = \begin{bmatrix} -2 & 4 & 4 \\ 10 & 10 & 2 \end{bmatrix}$

例題 1.3　次の二つの行列の積 $\boldsymbol{AB}$ および $\boldsymbol{BA}$ を求めよ．

$$\boldsymbol{A} = \begin{bmatrix} 1 & 2 & 3 \\ 3 & 2 & 1 \end{bmatrix},\ \boldsymbol{B} = \begin{bmatrix} -2 & 1 \\ 1 & -1 \\ 1 & 2 \end{bmatrix}$$

解答　$\boldsymbol{AB} = \begin{bmatrix} 3 & 5 \\ -3 & 3 \end{bmatrix},\ \boldsymbol{BA} = \begin{bmatrix} 1 & -2 & -5 \\ -2 & 0 & 2 \\ 7 & 6 & 5 \end{bmatrix}$

すなわち，行列の積の場合一般に $\boldsymbol{AB} \neq \boldsymbol{BA}$ である．$\boldsymbol{A}$，$\boldsymbol{B}$ がともに正方行列の場合であっても一般に $\boldsymbol{AB} \neq \boldsymbol{BA}$ である．$\boldsymbol{AB} = \boldsymbol{BA}$ が成り立つ場合，行列 $\boldsymbol{A}$ と行列 $\boldsymbol{B}$ は**交換可能**であるという．

例題 1.4　次の連立一次方程式を行列とベクトルを用いて表現せよ．

$$\begin{cases} y_1 = a_{11}x_1 + a_{12}x_2 + \cdots + a_{1n}x_n \\ y_2 = a_{21}x_1 + a_{22}x_2 + \cdots + a_{2n}x_n \\ \quad \vdots \\ y_n = a_{n1}x_1 + a_{n2}x_2 + \cdots + a_{nn}x_n \end{cases} \tag{1.12}$$

解答　列ベクトル $\boldsymbol{y}$ および $\boldsymbol{x}$ を，

$$\boldsymbol{y} = \begin{bmatrix} y_1 \\ y_2 \\ \vdots \\ y_n \end{bmatrix}, \quad \boldsymbol{x} = \begin{bmatrix} x_1 \\ x_2 \\ \vdots \\ x_n \end{bmatrix}$$

と置けば，(1.12) 式は，

$$\begin{bmatrix} y_1 \\ y_2 \\ \vdots \\ y_n \end{bmatrix} = \begin{bmatrix} a_{11} & a_{12} & \cdots & a_{1n} \\ a_{21} & a_{22} & \cdots & a_{2n} \\ \vdots & \vdots & \ddots & \vdots \\ a_{n1} & a_{n2} & \cdots & a_{nn} \end{bmatrix} \begin{bmatrix} x_1 \\ x_2 \\ \vdots \\ x_n \end{bmatrix} \tag{1.13}$$

と表現することができる．(1.13) 式は行列の部分を $\boldsymbol{A}$ で表せば

$$\boldsymbol{y} = \boldsymbol{A}\boldsymbol{x} \tag{1.14}$$

である．(1.14) 式はベクトル $\boldsymbol{x}$ をベクトル $\boldsymbol{y}$ に変換する一次変換と見ることもできる．このとき行列 $\boldsymbol{A}$ を**一次変換行列**という．

例題 1.5　三次元空間の単位ベクトル

$$\boldsymbol{i} = \begin{bmatrix} 1 \\ 0 \\ 0 \end{bmatrix}, \quad \boldsymbol{j} = \begin{bmatrix} 0 \\ 1 \\ 0 \end{bmatrix}, \quad \boldsymbol{k} = \begin{bmatrix} 0 \\ 0 \\ 1 \end{bmatrix}$$

は互いに直交していることを確認せよ．

解答　いずれの二つについても (1.9) 式は零になり，これらの三つのベクトルは互いに直交している．

正方行列で対角要素 a_{ii} 以外の要素がすべて零の場合，

$$\boldsymbol{A} = \begin{bmatrix} a_{11} & 0 & \cdots & \cdots & 0 \\ 0 & a_{22} & 0 & \cdots & 0 \\ \vdots & \vdots & & \ddots & \vdots \\ 0 & 0 & \cdots & \cdots & a_{nn} \end{bmatrix} \tag{1.15}$$

(1.15) 式を**対角行列**（Diagonal Matrix）といい，$\mathrm{diag}\,[a_{11}, a_{22}, \cdots, a_{nn}]$ と書く．

また対角要素のすべての加算を**トレース**（Trace）といい $\mathrm{Tr}(\boldsymbol{A})$ で表す．すなわち，

$$\mathrm{Tr}(\boldsymbol{A}) = \sum_{i=1}^{n} a_{ii} \tag{1.16}$$

である．トレースの定義は対角行列に限ったことではなく，一般の正方行列について定義される．対角行列で対角要素がすべて 1 の場合，すなわち，

$$\boldsymbol{I} = \begin{bmatrix} 1 & 0 & \cdots & \cdots & 0 \\ 0 & 1 & 0 & \cdots & 0 \\ \vdots & \vdots & & \ddots & \vdots \\ 0 & 0 & \cdots & \cdots & 1 \end{bmatrix} \tag{1.17}$$

を**単位行列**（Identity Matrix）といい，$\boldsymbol{I}$ で表す（$\boldsymbol{E}$ で表す文献もある）．任意の正方行列 $\boldsymbol{A}$ に対して，

$$\boldsymbol{IA} = \boldsymbol{AI} = \boldsymbol{A} \tag{1.18}$$

が成り立つ．また，すべての要素が零である行列は**零行列**（Null Matrix）と呼ばれる．

次に，(1.1) 式の行列 $\boldsymbol{A}$ に対して行と列を入れ替えた行列，すなわち，$\boldsymbol{A}$ の (i, j) 要素を (j, i) 要素とする $n \times m$ 行列，

$$\begin{bmatrix} a_{11} & a_{21} & \cdots & a_{m1} \\ a_{12} & a_{22} & \cdots & a_{m2} \\ \vdots & \vdots & \ddots & \vdots \\ a_{1n} & a_{2n} & \cdots & a_{mn} \end{bmatrix} \tag{1.19}$$

を行列 $\boldsymbol{A}$ の**転置行列**（Transpose Matrix）といい，$\boldsymbol{A}^T$ で表す．行列 $\boldsymbol{A}$，$\boldsymbol{B}$ に対して，

$$(\boldsymbol{AB})^T = \boldsymbol{B}^T\boldsymbol{A}^T \tag{1.20}$$

が成り立つ．また，

$$\boldsymbol{A}^T = \boldsymbol{A} \tag{1.21}$$

を満足する行列 $\boldsymbol{A}$ を**対称行列**（Symmetric Matrix）という．対称行列は正方行列の場合にのみ定義される．

$$\boldsymbol{A}^T = -\boldsymbol{A} \tag{1.22}$$

が成り立つ行列 $\boldsymbol{A}$ は**交代行列**（Skew Symmetric Matrix）と呼ばれる．**歪対称行列**ともいう．交代行列の場合，

$$a_{ij} = -a_{ji} \tag{1.23}$$

だから対角要素はすべて零である．

例題 1.6　例題 1.3 の行列 $\boldsymbol{A}$，$\boldsymbol{B}$ について (1.20) 式を確認せよ．

解答　例題 1.3 から $\boldsymbol{AB} = \begin{bmatrix} 3 & 5 \\ -3 & 3 \end{bmatrix}$ だから，$(\boldsymbol{AB})^T = \begin{bmatrix} 3 & -3 \\ 5 & 3 \end{bmatrix}$ である．

また，$\boldsymbol{A} = \begin{bmatrix} 1 & 2 & 3 \\ 3 & 2 & 1 \end{bmatrix}$，$\boldsymbol{B} = \begin{bmatrix} -2 & 1 \\ 1 & -1 \\ 1 & 2 \end{bmatrix}$ だから，$\boldsymbol{A}^T = \begin{bmatrix} 1 & 3 \\ 2 & 2 \\ 3 & 1 \end{bmatrix}$，$\boldsymbol{B}^T = \begin{bmatrix} -2 & 1 & 1 \\ 1 & -1 & 2 \end{bmatrix}$ であり，したがって，

$$\boldsymbol{B}^T\boldsymbol{A}^T = \begin{bmatrix} -2 & 1 & 1 \\ 1 & -1 & 2 \end{bmatrix} \begin{bmatrix} 1 & 3 \\ 2 & 2 \\ 3 & 1 \end{bmatrix} = \begin{bmatrix} 3 & -3 \\ 5 & 3 \end{bmatrix} = (\boldsymbol{AB})^T$$

である．

1.2　行列式

n 次の正方行列 $\boldsymbol{A} = [a_{ij}]$ に対して，

$$\det \boldsymbol{A} = |\boldsymbol{A}| = \sum_{j=1}^{n} a_{ij} C_{ij} \quad (\text{行展開：} i \text{ は任意の行に固定}) \tag{1.24}$$

$$\det \boldsymbol{A} = |\boldsymbol{A}| = \sum_{i=1}^{n} a_{ij} C_{ij} \quad (\text{列展開：} j \text{ は任意の列に固定}) \tag{1.25}$$

を $\boldsymbol{A}$ の**行列式**（Determinant）といい，$\det \boldsymbol{A}$ あるいは $|\boldsymbol{A}|$ で表す．第 4 章以降では $\det \boldsymbol{A}$ の表記を用いる．ここで C_{ij} は a_{ij} の余因子（Cofactor）と呼ばれ，

$$C_{ij} = (-1)^{i+j} |\boldsymbol{M}_{ij}| \tag{1.26}$$

である．ここで $|\boldsymbol{M}_{ij}|$ は n 次行列 $\boldsymbol{A}$ から第 i 行，第 j 列を取り除いた $(n-1)$ 次の小行列 $\boldsymbol{M}_{ij}$ の行列式である．

行列式に関して以下の性質が重要である．

1）転置行列でも行列式は変わらない．すなわち，

$$\left|\boldsymbol{A}^T\right| = |\boldsymbol{A}| \tag{1.27}$$

2）任意の二つの行（または列）を入れ替えれば行列式は符号だけが変わる．

3）二つの行（または列）が等しい行列式は零である．

4）一つの行（または列）の要素をすべて a 倍すれば，行列式も a 倍になる．

5）一つの行（または列）が二つの数の和であれば，行列式は和を分解した二つの行列式の和である．すなわち

$$\begin{vmatrix} a_{11}+b_{11} & a_{12}+b_{12} & \cdots & a_{1n}+b_{1n} \\ a_{21} & a_{22} & \cdots & a_{2n} \\ \vdots & \vdots & \ddots & \cdots \\ a_{n1} & a_{n2} & \cdots & a_{nn} \end{vmatrix}$$

$$
= \begin{vmatrix} a_{11} & a_{12} & \cdots & a_{1n} \\ a_{21} & a_{22} & \cdots & a_{2n} \\ \vdots & \vdots & \ddots & \cdots \\ a_{n1} & a_{n2} & \cdots & a_{nn} \end{vmatrix} + \begin{vmatrix} b_{11} & b_{12} & \cdots & b_{1n} \\ a_{21} & a_{22} & \cdots & a_{2n} \\ \vdots & \vdots & \ddots & \cdots \\ a_{n1} & a_{n2} & \cdots & a_{nn} \end{vmatrix} \tag{1.28}
$$

6) 正方行列 $\boldsymbol{A}$, $\boldsymbol{B}$ に対して，積の行列式は行列式の積である．すなわち

$$
|\boldsymbol{AB}| = |\boldsymbol{A}|\,|\boldsymbol{B}| \tag{1.29}
$$

7) 正方行列 $\boldsymbol{A}_1$, $\boldsymbol{A}_2$ に対して (1.30) 式が成り立つ．

$$
\begin{vmatrix} \boldsymbol{A}_1 & \boldsymbol{A}_3 \\ 0 & \boldsymbol{A}_2 \end{vmatrix} = |\boldsymbol{A}_1|\,|\boldsymbol{A}_2| \tag{1.30}
$$

8) 正方行列 $\boldsymbol{A}$, $\boldsymbol{B}$ に対して (1.30) 式から (1.31) 式が成り立つ（証明は章末問題）．

$$
\begin{vmatrix} \boldsymbol{A} & \boldsymbol{B} \\ \boldsymbol{B} & \boldsymbol{A} \end{vmatrix} = |\boldsymbol{A} - \boldsymbol{B}|\,|\boldsymbol{A} + \boldsymbol{B}| \tag{1.31}
$$

なお，3 行 3 列までの行列式については「たすきがけの方法」（図 1-1 を参照）で計算できるが，4 行 4 列以上の行列式には使えないことに注意が必要である．

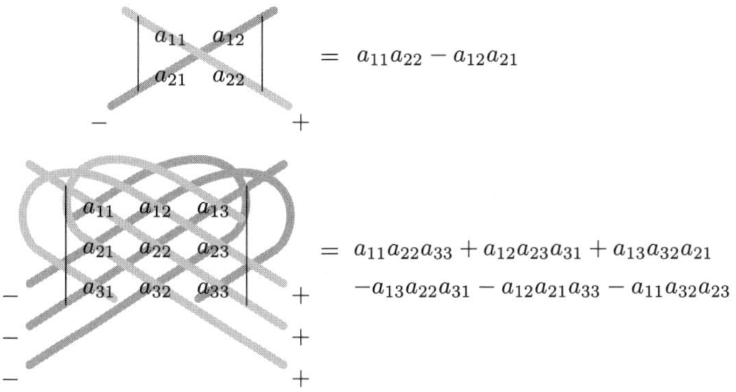

図 1-1　たすきがけの方法

例題 1.7　次の正方行列について(1.24)式，(1.25)式による行列式の値を求めよ．

$$\boldsymbol{A} = \begin{bmatrix} a_{11} & a_{12} & a_{13} \\ a_{21} & a_{22} & a_{23} \\ a_{31} & a_{32} & a_{33} \end{bmatrix}$$

解答　第1列について展開すると

$$\begin{aligned} |\boldsymbol{A}| &= a_{11}(-1)^{1+1}\begin{vmatrix} a_{22} & a_{23} \\ a_{32} & a_{33} \end{vmatrix} + a_{21}(-1)^{2+1}\begin{vmatrix} a_{12} & a_{13} \\ a_{32} & a_{33} \end{vmatrix} \\ &\quad + a_{31}(-1)^{3+1}\begin{vmatrix} a_{12} & a_{13} \\ a_{22} & a_{23} \end{vmatrix} \\ &= a_{11}(a_{22}a_{33} - a_{23}a_{32}) - a_{21}(a_{12}a_{33} - a_{13}a_{32}) + a_{31}(a_{12}a_{23} - a_{13}a_{22}) \end{aligned}$$

である．また第1行について展開すれば

$$\begin{aligned} |\boldsymbol{A}| &= a_{11}(-1)^{1+1}\begin{vmatrix} a_{22} & a_{23} \\ a_{32} & a_{33} \end{vmatrix} + a_{12}(-1)^{2+1}\begin{vmatrix} a_{21} & a_{23} \\ a_{31} & a_{33} \end{vmatrix} \\ &\quad + a_{13}(-1)^{3+1}\begin{vmatrix} a_{21} & a_{22} \\ a_{31} & a_{32} \end{vmatrix} \\ &= a_{11}(a_{22}a_{33} - a_{23}a_{32}) - a_{12}(a_{21}a_{33} - a_{23}a_{31}) + a_{13}(a_{21}a_{32} - a_{22}a_{31}) \\ &= a_{11}(a_{22}a_{33} - a_{23}a_{32}) - a_{21}(a_{12}a_{33} - a_{13}a_{32}) + a_{31}(a_{12}a_{23} - a_{13}a_{22}) \end{aligned}$$

である．

例題 1.8　次の行列式の値を求めよ．

$$|\boldsymbol{A}| = \begin{vmatrix} 1 & -3 & 6 \\ 5 & 2 & 8 \\ 4 & -1 & 7 \end{vmatrix}$$

解答　第1列について展開すれば

$$|\boldsymbol{A}| = 1\begin{vmatrix} 2 & 8 \\ -1 & 7 \end{vmatrix} - 5\begin{vmatrix} -3 & 6 \\ -1 & 7 \end{vmatrix} + 4\begin{vmatrix} -3 & 6 \\ 2 & 8 \end{vmatrix} = 22 + 75 - 144 = -47$$

例題 1.9　例題 1.8 の行列式に関して (1.27) 式を確認せよ.

解答　転置行列を第 1 行について展開すれば

$$|\boldsymbol{A}^T| = \begin{vmatrix} 1 & 5 & 4 \\ -3 & 2 & -1 \\ 6 & 8 & 7 \end{vmatrix} = 1\begin{vmatrix} 2 & -1 \\ 8 & 7 \end{vmatrix} - 5\begin{vmatrix} -3 & -1 \\ 6 & 7 \end{vmatrix} + 4\begin{vmatrix} -3 & 2 \\ 6 & 8 \end{vmatrix} = -47$$

例題 1.10　次の行列 $\boldsymbol{A}$, $\boldsymbol{B}$ について (1.29) 式を確認せよ.

$$\boldsymbol{A} = \begin{bmatrix} 4 & 3 \\ 1 & 2 \end{bmatrix}, \quad \boldsymbol{B} = \begin{bmatrix} 1 & 3 \\ 2 & 4 \end{bmatrix}$$

解答　$\boldsymbol{AB} = \begin{bmatrix} 10 & 24 \\ 5 & 11 \end{bmatrix}$, $|\boldsymbol{AB}| = -10$, $|\boldsymbol{A}| = 5$, $|\boldsymbol{B}| = -2$ である. したがって, $|\boldsymbol{AB}| = |\boldsymbol{A}|\,|\boldsymbol{B}|$.

1.3　逆行列

n 次の正方行列 $\boldsymbol{A} = [a_{ij}]$ において a_{ij} の余因子 C_{ij} を (j, i) 要素とする行列,

$$\begin{bmatrix} C_{11} & C_{21} & \cdots & C_{n1} \\ C_{12} & C_{22} & \cdots & C_{n2} \\ \vdots & \vdots & \ddots & \vdots \\ C_{1n} & C_{2n} & \cdots & C_{nn} \end{bmatrix} \tag{1.32}$$

を正方行列 $\boldsymbol{A}$ の**余因子行列**（Cofactor Matrix）といい, adj$\boldsymbol{A}$ で表す. このとき,

$$(\mathrm{adj}\boldsymbol{A})\boldsymbol{A} = \boldsymbol{A}(\mathrm{adj}\boldsymbol{A}) = |\boldsymbol{A}|\,\boldsymbol{I} \tag{1.33}$$

が成り立つ.

例題 1.11　次の行列について (1.33) 式を確かめよ.

$$\boldsymbol{A} = \begin{bmatrix} a & b \\ c & d \end{bmatrix}$$

解答　$\mathrm{adj}\boldsymbol{A} = \begin{bmatrix} d & -b \\ -c & a \end{bmatrix}$, $|\boldsymbol{A}| = ad - bc$ だから,

$$(\mathrm{adj}\boldsymbol{A})\boldsymbol{A} = \begin{bmatrix} d & -b \\ -c & a \end{bmatrix}\begin{bmatrix} a & b \\ c & d \end{bmatrix} = \begin{bmatrix} ad-bc & 0 \\ 0 & ad-bc \end{bmatrix}$$

$$= |\boldsymbol{A}|\begin{bmatrix} 1 & 0 \\ 0 & 1 \end{bmatrix} = |\boldsymbol{A}|\,\boldsymbol{I}$$

$$\boldsymbol{A}(\mathrm{adj}\boldsymbol{A}) = \begin{bmatrix} a & b \\ c & d \end{bmatrix}\begin{bmatrix} d & -b \\ -c & a \end{bmatrix} = \begin{bmatrix} ad-bc & 0 \\ 0 & ad-bc \end{bmatrix}$$

$$= |\boldsymbol{A}|\begin{bmatrix} 1 & 0 \\ 0 & 1 \end{bmatrix} = |\boldsymbol{A}|\,\boldsymbol{I}$$

例題 1.12　次の行列の余因子行列を求めよ.

$$\boldsymbol{A} = \begin{bmatrix} 2 & 1 & 1 \\ 1 & -1 & 2 \\ 0 & 3 & 1 \end{bmatrix}$$

解答

$$C_{11} = (-1)^2 \begin{vmatrix} -1 & 2 \\ 3 & 1 \end{vmatrix} = -7$$

$$C_{12} = (-1)^3 \begin{vmatrix} 1 & 2 \\ 0 & 1 \end{vmatrix} = -1$$

$$C_{13} = (-1)^4 \begin{vmatrix} 1 & -1 \\ 0 & 3 \end{vmatrix} = 3$$

他も同様にして

$$\mathrm{adj}\boldsymbol{A} = \begin{bmatrix} -7 & 2 & 3 \\ -1 & 2 & -3 \\ 3 & -6 & -3 \end{bmatrix}$$

逆行列（Inverse Matrix）はこの余因子行列を使って定義される．

行列 $\boldsymbol{A}$ に対して

$$\boldsymbol{AX} = \boldsymbol{I} \tag{1.34}$$

を満足する行列 $\boldsymbol{X}$ が存在するとき，行列 $\boldsymbol{X}$ を $\boldsymbol{A}$ の逆行列といい，$\boldsymbol{A}^{-1}$ で表す．

(1.34) 式の両辺に左から $\mathrm{adj}\boldsymbol{A}$ を掛ければ，

$$(\mathrm{adj}\boldsymbol{A})\boldsymbol{AX} = \mathrm{adj}\boldsymbol{A} \tag{1.35}$$

ここで (1.35) 式の左辺に (1.33) 式を用いて，

$$|\boldsymbol{A}|\,\boldsymbol{X} = \mathrm{adj}\boldsymbol{A} \tag{1.36}$$

である．したがって，$|\boldsymbol{A}| \neq 0$ のときに逆行列が存在して，

$$\boldsymbol{X}(=\boldsymbol{A}^{-1}) = |\boldsymbol{A}|^{-1}\,\mathrm{adj}\boldsymbol{A} = \frac{\mathrm{adj}\boldsymbol{A}}{|\boldsymbol{A}|} \tag{1.37}$$

である．$|\boldsymbol{A}| \neq 0$ であるような行列，すなわち，逆行列が存在する行列を**正則行列**（Regular Matrix）という．正則行列 $\boldsymbol{A}$ に対して，

$$\boldsymbol{AA}^{-1} = \boldsymbol{A}^{-1}\boldsymbol{A} = \boldsymbol{I} \tag{1.38}$$

であり，

$$(\boldsymbol{AB})^{-1} = \boldsymbol{B}^{-1}\boldsymbol{A}^{-1} \tag{1.39}$$

が成り立つ．また

$$\boldsymbol{AA}^{T} = \boldsymbol{A}^{T}\boldsymbol{A} = \boldsymbol{I} \tag{1.40}$$

が成り立つ行列 $\boldsymbol{A}$ を**直交行列**（Orthogonal Matrix）という．直交行列の場合，

$$\boldsymbol{A}^{T} = \boldsymbol{A}^{-1} \tag{1.41}$$

である．

例題 1.13　例題 1.11 の行列 $\boldsymbol{A}$ の逆行列を求めよ．

解答　$|\boldsymbol{A}| = ad - bc$．したがって $ad - bc \neq 0$ のときに逆行列が存在して，

$$\boldsymbol{A}^{-1} = \frac{1}{ad-bc}\begin{bmatrix} d & -b \\ -c & a \end{bmatrix}$$

である．なお，

$$\begin{aligned}\boldsymbol{A}\boldsymbol{A}^{-1} &= \frac{1}{ad-bc}\begin{bmatrix} a & b \\ c & d \end{bmatrix}\begin{bmatrix} d & -b \\ -c & a \end{bmatrix} = \frac{1}{ad-bc}\begin{bmatrix} ad-bc & 0 \\ 0 & ad-bc \end{bmatrix} \\ &= \begin{bmatrix} 1 & 0 \\ 0 & 1 \end{bmatrix} \\ \boldsymbol{A}^{-1}\boldsymbol{A} &= \frac{1}{ad-bc}\begin{bmatrix} d & -b \\ -c & a \end{bmatrix}\begin{bmatrix} a & b \\ c & d \end{bmatrix} = \frac{1}{ad-bc}\begin{bmatrix} ad-bc & 0 \\ 0 & ad-bc \end{bmatrix} \\ &= \begin{bmatrix} 1 & 0 \\ 0 & 1 \end{bmatrix}\end{aligned}$$

例題 1.14　次の行列の逆行列を求めよ．

$$\boldsymbol{A} = \begin{bmatrix} 2 & 1 & 1 \\ 1 & -1 & 2 \\ 0 & 3 & 1 \end{bmatrix}$$

解答　$|\boldsymbol{A}| = -12$ だから

$$\boldsymbol{A}^{-1} = |\boldsymbol{A}|^{-1}\,\mathrm{adj}\boldsymbol{A} = -\frac{1}{12}\begin{bmatrix} -7 & 2 & 3 \\ -1 & 2 & -3 \\ 3 & -6 & -3 \end{bmatrix}$$

である．なお，

$$\begin{aligned}\boldsymbol{A}\boldsymbol{A}^{-1} &= -\frac{1}{12}\begin{bmatrix} 2 & 1 & 1 \\ 1 & -1 & 2 \\ 0 & 3 & 1 \end{bmatrix}\begin{bmatrix} -7 & 2 & 3 \\ -1 & 2 & -3 \\ 3 & -6 & -3 \end{bmatrix} = -\frac{1}{12}\begin{bmatrix} -12 & 0 & 0 \\ 0 & -12 & 0 \\ 0 & 0 & -12 \end{bmatrix} \\ &= \begin{bmatrix} 1 & 0 & 0 \\ 0 & 1 & 0 \\ 0 & 0 & 1 \end{bmatrix}\end{aligned}$$

$$A^{-1}A = -\frac{1}{12}\begin{bmatrix} -7 & 2 & 3 \\ -1 & 2 & -3 \\ 3 & -6 & -3 \end{bmatrix}\begin{bmatrix} 2 & 1 & 1 \\ 1 & -1 & 2 \\ 0 & 3 & 1 \end{bmatrix} = -\frac{1}{12}\begin{bmatrix} -12 & 0 & 0 \\ 0 & -12 & 0 \\ 0 & 0 & -12 \end{bmatrix}$$

$$= \begin{bmatrix} 1 & 0 & 0 \\ 0 & 1 & 0 \\ 0 & 0 & 1 \end{bmatrix}$$

1.4　ベクトルの一次独立と行列の位

m 個の n 次元ベクトル $\boldsymbol{x}_i$ $(i = 1, \cdots, m)$ を考える．

$$c_1\boldsymbol{x}_1 + c_2\boldsymbol{x}_2 + \cdots + c_m\boldsymbol{x}_m = 0 \tag{1.42}$$

を満足する係数 $c_1, c_2, \cdots, c_m$ が存在するとき，ベクトル $\boldsymbol{x}_1, \boldsymbol{x}_2, \cdots, \boldsymbol{x}_m$ は**一次従属**であるという．また，(1.42) 式が成立するのはすべての係数 c_i が零の場合に限られるとき，ベクトル $\boldsymbol{x}_1, \boldsymbol{x}_2, \cdots, \boldsymbol{x}_m$ は**一次独立**であるという．すなわち，一次従属とは，あるベクトルが他のベクトルの線形結合で表現できるという意味であり，一次独立とは，他のベクトルの線形結合では表現できないという意味である．行列を行ベクトルあるいは列ベクトルに分解して考えた場合，一次従属のベクトルが存在する行列式の値は零になる．

$m \times n$ 行列 $\boldsymbol{A}$ の r 次の小行列式のうち零でないものがあって，$(r+1)$ 次の小行列式がすべて零のとき，r を行列 $\boldsymbol{A}$ の**位**（Rank）といい，$\rho(\boldsymbol{A})$ で表す．

例題 1.15　次の行列の位を求めよ．

$$\boldsymbol{A} = \begin{bmatrix} 1 & 1 & 2 & 5 \\ 1 & 2 & 3 & 7 \\ 1 & 3 & 4 & 9 \end{bmatrix}$$

解答　行列 $\boldsymbol{A}$ は 3×4 行列なので，行列式としては 3×3 まで，すなわち，位はたかだか 3 である．そこで行列 $\boldsymbol{A}$ を 4 個の列ベクトルにして考えると，第 3 列

= 第1列 + 第2列だから，第3列は第1列，第2列と一次従属である．また第4列は $3\times$ 第1列 $+2\times$ 第2列だから，第4列も第1列，第2列と一次従属である．したがって，独立な列ベクトルは二つだから，行列 $\boldsymbol{A}$ の位は2以下である．そこで行列 $\boldsymbol{A}$ で 2×2 の小行列式に零でないものが存在するので（この例の場合はすべての 2×2 小行列式が零ではない），行列 $\boldsymbol{A}$ の位は2である．

1.5　　固有値と固有ベクトル

$n\times n$ 行列 $\boldsymbol{A}$ に対して任意のベクトル $\boldsymbol{x}$ を考え，

$$\boldsymbol{A}\boldsymbol{x} = \lambda\boldsymbol{x} \tag{1.43}$$

が成り立つとき，λ を行列 $\boldsymbol{A}$ の**固有値**（Eigen Value）という．$\boldsymbol{y} = \boldsymbol{A}\boldsymbol{x}$ は行列 $\boldsymbol{A}$ によるベクトル $\boldsymbol{x}$ の一次変換を意味しており，(1.43) 式はその変換結果のベクトル $\boldsymbol{y}$ が元のベクトル $\boldsymbol{x}$ に比例していることを示している．(1.43) 式から，

$$[\lambda\boldsymbol{I} - \boldsymbol{A}]\,\boldsymbol{x} = 0 \tag{1.44}$$

である．この式が $\boldsymbol{x} \neq 0$ の任意のベクトルに対して成立するためには，

$$|\lambda\boldsymbol{I} - \boldsymbol{A}| = 0 \tag{1.45}$$

でなければならない．(1.45) 式は，

$$\begin{vmatrix} \lambda - a_{11} & -a_{12} & \cdots & -a_{1n} \\ -a_{21} & \lambda - a_{22} & \cdots & -a_{2n} \\ \vdots & \vdots & \ddots & \vdots \\ -a_{n1} & -a_{n2} & \cdots & \lambda - a_{nn} \end{vmatrix} = 0 \tag{1.46}$$

の形になり，(1.46) 式を展開すれば，

$$\lambda^n + c_1\lambda^{n-1} + c_2\lambda^{n-2} + \cdots + c_{n-1}\lambda + c_n = 0 \tag{1.47}$$

が得られる．(1.47) 式を**固有方程式**，あるいは**特性方程式**という．また，

$$f(\lambda) = |\lambda\boldsymbol{I} - \boldsymbol{A}| \tag{1.48}$$

のことを**固有多項式**，あるいは**特性多項式**と呼ぶ．(1.47) 式の根は行列 $\boldsymbol{A}$ の固有値である．この固有値は古典制御理論での特性根と同じになるため**特性根**と呼ばれることもある．特性多項式に対して，

$$f(\boldsymbol{A}) = \boldsymbol{A}^n + c_1\boldsymbol{A}^{n-1} + c_2\boldsymbol{A}^{n-2} + \cdots + c_{n-1}\boldsymbol{A} + c_n\boldsymbol{I} = 0 \tag{1.49}$$

が成り立つ．(1.49) 式をケーリー・ハミルトン（Cayley-Hamilton）の定理という．

行列 $\boldsymbol{A}$ が $n \times n$ 行列の場合，固有値は n 個あって，実数か共役な複素数である．固有値 λ_i に対応して (1.44) 式を満足するベクトル $\boldsymbol{v}_i$，すなわち

$$[\lambda_i\boldsymbol{I} - \boldsymbol{A}]\,\boldsymbol{v}_i = 0 \tag{1.50}$$

を満足する $\boldsymbol{v}_i$ を，**固有ベクトル**（Eigen Vector）という．固有値がすべて異なる場合には固有値に対応して固有ベクトルが (1.50) 式から決まる．しかし固有値が重根の場合には，(1.50) 式だけからでは一義的に決まらない場合もある．そのときは，あらかじめ求められた固有ベクトル $\boldsymbol{v}_i$ を用いて，

$$[\boldsymbol{A} - \lambda_i\boldsymbol{I}]\,\boldsymbol{v}_{i+1} = \boldsymbol{v}_i \tag{1.51}$$

から残りの固有ベクトルを決定すればよい．

例題 1.16　次の行列の固有値および固有ベクトルを求めよ．

$$\boldsymbol{A} = \begin{bmatrix} 0 & 1 \\ 1 & 0 \end{bmatrix}$$

解答　$[\lambda\boldsymbol{I} - \boldsymbol{A}] = \begin{bmatrix} \lambda & -1 \\ -1 & \lambda \end{bmatrix}$ だから，特性方程式 $\lambda^2 - 1 = 0$ から固有値は $\lambda = \pm 1$ である．

$\lambda = 1$ の場合の固有ベクトルを $\boldsymbol{v}_1 = [v_{11}, v_{12}]^T$ とすれば，

$$\begin{bmatrix} 0 & 1 \\ 1 & 0 \end{bmatrix}\begin{bmatrix} v_{11} \\ v_{12} \end{bmatrix} = 1\begin{bmatrix} v_{11} \\ v_{12} \end{bmatrix}$$

から $v_{11} = v_{12}$ を得る．したがって $\boldsymbol{v}_1 = [1, 1]^T$ とすることができる．

$\lambda = -1$ の場合の固有ベクトル $\boldsymbol{v}_2 = [v_{21}, v_{22}]^T$ は,

$$\begin{bmatrix} 0 & 1 \\ 1 & 0 \end{bmatrix} \begin{bmatrix} v_{21} \\ v_{22} \end{bmatrix} = -1 \begin{bmatrix} v_{21} \\ v_{22} \end{bmatrix}$$

から $v_{21} = -v_{22}$ を得る．したがって，$\boldsymbol{v}_2 = [-1, 1]^T$ とすることができる．$\boldsymbol{v}_2 = [1, -1]^T$ としてもかまわない．固有ベクトルの選び方は一通りだけではない．

例題 1.17　次の行列の固有値，固有ベクトルを求めよ．

$$\boldsymbol{A} = \begin{bmatrix} 0 & 1 & 1 \\ 1 & 0 & 1 \\ 1 & 1 & 0 \end{bmatrix}$$

解答　$[\lambda \boldsymbol{I} - \boldsymbol{A}] = \begin{bmatrix} \lambda & -1 & -1 \\ -1 & \lambda & -1 \\ -1 & -1 & \lambda \end{bmatrix}$ だから,

$$f(\lambda) = \lambda^3 - 3\lambda - 2 = (\lambda + 1)^2(\lambda - 2) = 0$$

から固有値は -1，2 であり -1 は重根である．

$\lambda = 2$ に対する固有ベクトル $\boldsymbol{v}_1$ は

$$\begin{bmatrix} 0 & 1 & 1 \\ 1 & 0 & 1 \\ 1 & 1 & 0 \end{bmatrix} \begin{bmatrix} v_{11} \\ v_{12} \\ v_{13} \end{bmatrix} = 2 \begin{bmatrix} v_{11} \\ v_{12} \\ v_{13} \end{bmatrix} \quad \Rightarrow \quad \left\{ \begin{array}{rrr} -2v_{11} & +v_{12} & +v_{13} = 0 \\ v_{11} & -2v_{12} & +v_{13} = 0 \\ v_{11} & +v_{12} & -2v_{13} = 0 \end{array} \right.$$

から $\boldsymbol{v}_{11} = \boldsymbol{v}_{12} = \boldsymbol{v}_{13}$ であり，例えば $\boldsymbol{v}_1 = [1, 1, 1]^T$ とすることができる．

次に，$\lambda = -1$ に対する固有ベクトル $\boldsymbol{v}_2$ は

$$\begin{bmatrix} 0 & 1 & 1 \\ 1 & 0 & 1 \\ 1 & 1 & 0 \end{bmatrix} \begin{bmatrix} v_{21} \\ v_{22} \\ v_{23} \end{bmatrix} = -1 \begin{bmatrix} v_{21} \\ v_{22} \\ v_{23} \end{bmatrix}$$

から $v_{21} + v_{22} + v_{23} = 0$ である．

この関係式を満足できるように2個の独立なベクトルを考えれば,

$$\boldsymbol{v}_2 = [1, -1, 0]^T,\ \ \boldsymbol{v}_3 = [1, 0, -1]^T$$

を考えることができる．したがって3個の固有ベクトルは，

$$\boldsymbol{v}_1 = [1, 1, 1]^T, \ \boldsymbol{v}_2 = [1, -1, 0]^T, \ \boldsymbol{v}_3 = [1, 0, -1]^T$$

とすることができる．

例題 1.18 例題1.17で固有ベクトルの直交性について考察せよ．

解答 ベクトル $\boldsymbol{v}_1$ とベクトル $\boldsymbol{v}_2$ およびベクトル $\boldsymbol{v}_1$ とベクトル $\boldsymbol{v}_3$ はいずれも内積が零であり直交しているが，ベクトル $\boldsymbol{v}_2$ とベクトル $\boldsymbol{v}_3$ は一次独立ではあるけれども直交はしていない．すなわち，異なる固有値に対する固有ベクトルは互いに直交するが，重根に対する固有ベクトルは直交しない．

例題 1.19 次の行列の固有値，固有ベクトルを求めよ．

$$\boldsymbol{A} = \begin{bmatrix} 0 & 1 \\ -4 & -4 \end{bmatrix}$$

解答 $[\lambda \boldsymbol{I} - \boldsymbol{A}] = \begin{bmatrix} \lambda & -1 \\ 4 & \lambda + 4 \end{bmatrix}$ だから，$f(\lambda) = (\lambda + 2)^2 = 0$ からこの場合の固有値は -2 で重根である．

固有ベクトルの一つを $\boldsymbol{v}_1 = [v_{11}, v_{12}]^T$ とすれば，

$$\begin{bmatrix} 0 & 1 \\ -4 & -4 \end{bmatrix} \begin{bmatrix} v_{11} \\ v_{12} \end{bmatrix} = -2 \begin{bmatrix} v_{11} \\ v_{12} \end{bmatrix}$$

から，$2v_{11} + v_{12} = 0$ である．したがって，例えば $\boldsymbol{v}_1 = [1, -2]^T$ とすることができる．しかしこの場合はもう一つの固有ベクトルを決定することができない．そこで $\boldsymbol{v}_1$ を用いて，

$$[\boldsymbol{A} - \lambda \boldsymbol{I}]\boldsymbol{v}_2 = \boldsymbol{v}_1$$

と置けば，

$$\begin{bmatrix} 2 & 1 \\ -4 & -2 \end{bmatrix} \begin{bmatrix} v_{21} \\ v_{22} \end{bmatrix} = \begin{bmatrix} 1 \\ -2 \end{bmatrix}$$

から $2v_{21} + v_{22} = 1$ である．したがって例えば $\boldsymbol{v}_2 = [1, -1]^T$ を得る．固有ベクトルは，$\boldsymbol{v}_1 = [1, -2]^T$，$\boldsymbol{v}_2 = [1, -1]^T$ とすることができる．

1.6　行列の対角化

$n \times n$ 行列 $\boldsymbol{A}$ の固有値を $\lambda_1, \lambda_2, \cdots, \lambda_n$ とし，各々の固有値に対応する固有ベクトルを $\boldsymbol{v}_1, \boldsymbol{v}_2, \cdots, \boldsymbol{v}_n$ とする．ここで固有値に重根はないものとする．

このとき，固有ベクトルから作られる行列 $\boldsymbol{T}$

$$\boldsymbol{T} = [\boldsymbol{v}_1, \boldsymbol{v}_2, \cdots, \boldsymbol{v}_n] \tag{1.52}$$

を用いれば，固有ベクトルは互いに一次独立だから行列 $\boldsymbol{T}$ は正則である．このとき，

$$\begin{aligned}\boldsymbol{AT} &= \boldsymbol{A}[\boldsymbol{v}_1, \boldsymbol{v}_2, \cdots, \boldsymbol{v}_n] = [\boldsymbol{Av}_1, \boldsymbol{Av}_2, \cdots, \boldsymbol{Av}_n] \\ &= [\lambda_1\boldsymbol{v}_1, \lambda_2\boldsymbol{v}_2, \cdots, \lambda_n\boldsymbol{v}_n] \\ &= [\boldsymbol{v}_1, \boldsymbol{v}_2, \cdots, \boldsymbol{v}_n]\begin{bmatrix} \lambda_1 & 0 & \cdots & 0 \\ 0 & \lambda_2 & \cdots & 0 \\ \vdots & \vdots & \ddots & \vdots \\ 0 & \cdots & \cdots & \lambda_n \end{bmatrix}\end{aligned} \tag{1.53}$$

である．したがって，

$$\boldsymbol{\Lambda} = \begin{bmatrix} \lambda_1 & 0 & \cdots & 0 \\ 0 & \lambda_2 & \cdots & 0 \\ \vdots & \vdots & \ddots & \vdots \\ 0 & \cdots & \cdots & \lambda_n \end{bmatrix} \tag{1.54}$$

と置けば，

$$\boldsymbol{AT} = \boldsymbol{T\Lambda} \tag{1.55}$$

である．したがって，

$$\boldsymbol{\Lambda} = \boldsymbol{T}^{-1}\boldsymbol{AT} \tag{1.56}$$

である．すなわち行列 $\boldsymbol{A}$ は，その固有ベクトルからなる変換行列 $\boldsymbol{T}$ を用いて対角要素に固有値が並ぶ**対角行列**（Diagonal Matrix）に変換することができる．固有値に重根がある場合には (1.54) 式の形か，あるいは (1.57) 式の**ジョルダン標準形**になる．$\boldsymbol{J}_i$ はジョルダンブロックと呼ばれ，重根のブロックは (1.58) 式である．

$$\boldsymbol{J} = \begin{bmatrix} \boldsymbol{J}_1 & 0 & \cdots & \cdots & 0 \\ 0 & \boldsymbol{J}_2 & 0 & 0\cdot & \cdot 0 \\ 0 & 0 & \boldsymbol{J}_3 & 0\cdot & \cdot 0 \\ \vdots & \vdots & \vdots & \ddots & \vdots \\ 0 & \cdots & \cdots & \cdots & \boldsymbol{J}_n \end{bmatrix} \tag{1.57}$$

$$\boldsymbol{J}_i = \begin{bmatrix} \lambda_i & 1 & 0 & \cdots & 0 \\ 0 & \lambda_i & 1 & 0\cdot & \cdot 0 \\ \vdots & \vdots & \vdots & \ddots & 1 \\ 0 & \cdots & \cdots & \cdots & \lambda_i \end{bmatrix} \tag{1.58}$$

一般に行列 $\boldsymbol{A}$ と $\boldsymbol{B}$ があって

$$\boldsymbol{B} = \boldsymbol{T}^{-1}\boldsymbol{A}\boldsymbol{T}$$

の関係があるとき，$\boldsymbol{A}$ と $\boldsymbol{B}$ は相似であるという．このとき $\boldsymbol{A}$ と $\boldsymbol{B}$ の固有値は重複度も含めて等しい．

例題 1.20　例題 1.16 の行列を対角化せよ．

解答　$\boldsymbol{A} = \begin{bmatrix} 0 & 1 \\ 1 & 0 \end{bmatrix}$ であり，固有値は 1，-1 で，それぞれに対応する固有ベクトルは $\boldsymbol{v}_1 = \begin{bmatrix} 1 \\ 1 \end{bmatrix}$，$\boldsymbol{v}_2 = \begin{bmatrix} -1 \\ 1 \end{bmatrix}$ だから，$\boldsymbol{T} = \begin{bmatrix} 1 & -1 \\ 1 & 1 \end{bmatrix}$ である．

このとき，

$$\boldsymbol{T}^{-1}\boldsymbol{A}\boldsymbol{T} = \frac{1}{2}\begin{bmatrix} 1 & 1 \\ -1 & 1 \end{bmatrix}\begin{bmatrix} 0 & 1 \\ 1 & 0 \end{bmatrix}\begin{bmatrix} 1 & -1 \\ 1 & 1 \end{bmatrix} = \begin{bmatrix} 1 & 0 \\ 0 & -1 \end{bmatrix}$$

である．$\boldsymbol{v}_2$ として $\boldsymbol{v}_2 = [1, -1]^T$ を選んでも結果は同じである．ただ，変換行列 $\boldsymbol{T}$ の行列式が正か負かの違いがある．

例題 1.21　例題 1.17 の行列を対角化せよ．

解答　$\boldsymbol{A} = \begin{bmatrix} 0 & 1 & 1 \\ 1 & 0 & 1 \\ 1 & 1 & 0 \end{bmatrix}$ であり固有値は 2，−1 で，−1 は重根である．それぞれに対応する固有ベクトルは，$\boldsymbol{v}_1 = \begin{bmatrix} 1 \\ 1 \\ 1 \end{bmatrix}$，$\boldsymbol{v}_2 = \begin{bmatrix} 1 \\ -1 \\ 0 \end{bmatrix}$，$\boldsymbol{v}_3 = \begin{bmatrix} 1 \\ 0 \\ -1 \end{bmatrix}$ で

$\boldsymbol{T} = \begin{bmatrix} 1 & 1 & 1 \\ 1 & -1 & 0 \\ 1 & 0 & -1 \end{bmatrix}$ である．

$$\boldsymbol{T}^{-1}\boldsymbol{A}\boldsymbol{T} = \frac{1}{3}\begin{bmatrix} 1 & 1 & 1 \\ 1 & -2 & 1 \\ 1 & 1 & -2 \end{bmatrix}\begin{bmatrix} 0 & 1 & 1 \\ 1 & 0 & 1 \\ 1 & 1 & 0 \end{bmatrix}\begin{bmatrix} 1 & 1 & 1 \\ 1 & -1 & 0 \\ 1 & 0 & -1 \end{bmatrix}$$
$$= \begin{bmatrix} 2 & 0 & 0 \\ 0 & -1 & 0 \\ 0 & 0 & -1 \end{bmatrix}$$

例題 1.22　例題 1.19 の行列を対角化せよ．

解答　$\boldsymbol{A} = \begin{bmatrix} 0 & 1 \\ -4 & -4 \end{bmatrix}$ で固有値は −2（重根）である．固有ベクトルは $\boldsymbol{v}_1 = \begin{bmatrix} 1 \\ -2 \end{bmatrix}$，$\boldsymbol{v}_2 = \begin{bmatrix} 1 \\ -1 \end{bmatrix}$ だから，$\boldsymbol{T} = \begin{bmatrix} 1 & 1 \\ -2 & -1 \end{bmatrix}$ である．このとき，

$$\boldsymbol{T}^{-1}\boldsymbol{A}\boldsymbol{T} = \begin{bmatrix} -1 & -1 \\ 2 & 1 \end{bmatrix}\begin{bmatrix} 0 & 1 \\ -4 & -4 \end{bmatrix}\begin{bmatrix} 1 & 1 \\ -2 & -1 \end{bmatrix} = \begin{bmatrix} -2 & 1 \\ 0 & -2 \end{bmatrix}$$

1.7 二次形式

対称行列 $\boldsymbol{A} = [a_{ij}]$ および n 次元列ベクトル $\boldsymbol{x} = [x_1, x_2, \cdots, x_n]^T$ による

$$\boldsymbol{x}^T\boldsymbol{A}\boldsymbol{x} = [x_1, x_2, \cdots, x_n]\begin{bmatrix} a_{11} & a_{12} & \cdots & a_{1n} \\ a_{12} & a_{22} & \cdots & a_{2n} \\ \vdots & \vdots & \ddots & \vdots \\ a_{1n} & a_{2n} & \cdots & a_{nn} \end{bmatrix}\begin{bmatrix} x_1 \\ x_2 \\ \vdots \\ x_n \end{bmatrix} \tag{1.59}$$

を二次形式（Quadratic Form）という．

ここで対称行列 $\boldsymbol{A}$ の固有ベクトルからなる行列 $\boldsymbol{T}$ を考える．ただし，固有値はすべて異なるとし，固有ベクトルはノルムが 1 になるように正規化しておくものとする．このとき，行列 $\boldsymbol{T}$ は直交行列になる．すなわち，$\boldsymbol{T}^T\boldsymbol{T} = \boldsymbol{I}$ であり，$\boldsymbol{T}^{-1} = \boldsymbol{T}^T$ である．この変換行列 $\boldsymbol{T}$ を用いて，(1.59) 式の二次形式において

$$\boldsymbol{x} = \boldsymbol{T}\boldsymbol{y} \tag{1.60}$$

なる一次変換を行えば，

$$\boldsymbol{x}^T\boldsymbol{A}\boldsymbol{x} = (\boldsymbol{T}\boldsymbol{y})^T\boldsymbol{A}\boldsymbol{T}\boldsymbol{y} = \boldsymbol{y}^T\boldsymbol{T}^T\boldsymbol{A}\boldsymbol{T}\boldsymbol{y} = \boldsymbol{y}^T\boldsymbol{B}\boldsymbol{y} \tag{1.61}$$

である．ここで

$$\boldsymbol{B} = \boldsymbol{T}^T\boldsymbol{A}\boldsymbol{T} \tag{1.62}$$

であり，$\boldsymbol{T}$ は直交行列だから，

$$\boldsymbol{B} = \boldsymbol{T}^{-1}\boldsymbol{A}\boldsymbol{T} \tag{1.63}$$

すなわち，行列 $\boldsymbol{B}$ は対角行列になっている．

二次形式 $\boldsymbol{x}^T\boldsymbol{A}\boldsymbol{x}$ において，$\boldsymbol{x}^T\boldsymbol{A}\boldsymbol{x} > 0$ ならば正定 (Positive Definite)，$\boldsymbol{x}^T\boldsymbol{A}\boldsymbol{x} \geq 0$ ならば準正定（Positive Semidefinite）という．また，$\boldsymbol{x}^T\boldsymbol{A}\boldsymbol{x} < 0$，$\boldsymbol{x}^T\boldsymbol{A}\boldsymbol{x} \leq 0$ のことをそれぞれ負定（Negative Definite），準負定（Negative Semidefinite）という．

章末問題

1　本文 (1.31) 式を証明せよ．

2　次の行列の逆行列を求めよ．

(1) $\boldsymbol{A} = \begin{bmatrix} 1 & 2 & 1 \\ 3 & 5 & 1 \\ 0 & 0 & 1 \end{bmatrix}$　　(2) $\boldsymbol{A} = \begin{bmatrix} 1 & 2 & 2 \\ 2 & -2 & 1 \\ 2 & 1 & -2 \end{bmatrix}$

3　次の行列の固有値，固有ベクトルを求めよ．

(1) $\boldsymbol{A} = \begin{bmatrix} 1 & 2 \\ -1 & 4 \end{bmatrix}$　　(2) $\boldsymbol{A} = \begin{bmatrix} 3 & 2 & 4 \\ 2 & 0 & 2 \\ 4 & 2 & 3 \end{bmatrix}$

4　次の行列の固有ベクトルを求め，対角化せよ．

(1) $\boldsymbol{A} = \begin{bmatrix} 2 & -2 & 3 \\ 1 & 1 & 1 \\ 1 & 3 & -1 \end{bmatrix}$　　(2) $\boldsymbol{A} = \begin{bmatrix} 0 & 1 & 0 \\ 0 & 0 & 1 \\ 3 & -7 & 5 \end{bmatrix}$

5　$\boldsymbol{A}$ が対称行列なら $\boldsymbol{T}^T\boldsymbol{A} + \boldsymbol{A}\boldsymbol{T}$，$\boldsymbol{T}^T\boldsymbol{A}\boldsymbol{T}$ はいずれも対称行列であることを示せ．

第 2 章

システムの状態表現

古典制御理論と現代制御理論の大きな相違点はシステムの表現形式にある．古典制御理論がラプラス変換を基盤にした伝達関数でシステムを表現したのに対して，現代制御理論では状態ベクトルを用いてシステムを時間領域のままで表現する．この章ではまず状態ベクトルによるシステムの表現方法について考え，1 入力 1 出力システムの場合の伝達関数とシステム方程式の相互関係，さらに与えられた伝達関数からシステム方程式を導く方法について説明する．

2.1 現代制御理論の背景

本書と姉妹書の関係にある『PID 制御の基礎』では，ラプラス変換を基本にした古典制御理論について解説した．その古典制御理論は 1950 年代くらいまでにほぼ完成された学問であるといってよいだろう．その後，制御工学の世界は L.S.Pontryagin の最大値原理や R.E.Kalman のカルマンフィルタに代表される最適制御理論へと急速に発展してきた．最適制御理論の発展の裏には第二次世界大戦後の米ソの宇宙開発競争があったかもしれない．現在ではこの最適制御理論の概念もほぼ完成の域に達しているといえるだろう．それまでの古典制御理論に対して 1960 年代頃から発展してきた LQ 理論（Linear Quadratic Theory）による最適制御理論を現代制御理論と呼び始めてすでに半世紀である．今では現代制御理論の内容もファジー制御，適応制御，ニューラルネットワーク，H_∞ 最適制御など複雑になってきており，これらをポスト現代制御理論と呼ぶ表現も出始めているようである．当初は現代制御理論と最適制御理論は同義であったが時代を経るに従って現代制御理論というネーミングが適切ではなくなってきたのである．現在では現代制御理論という言葉を一つの固有名詞と考え，LQ 理論をベースにした最適制御理論が現代制御理論であると考えたほうがよいかもしれない．

古典制御理論も現代制御理論も，解析・設計の対象にしているシステムは基本的に線形システムである．すなわち挙動が線形微分方程式で表現できるシステムである．ここで微分方程式の体系を考えれば，微分方程式は常微分方程式と偏微分方程式に大別される．独立変数が一つの場合（本書では時間 t）が常微分方程式，独立変数が複数の場合が偏微分方程式である．常微分方程式は線形微分方程式と非線形微分方程式に分かれ，線形微分方程式に線形定数系と線形時変数系がある．例えば，線形二次系で考えれば，

$$\ddot{y}(t) + a_1\dot{y}(t) + a_2 y(t) = u(t),\quad a_1, a_2 : \text{定数} \tag{2.1}$$

$$\ddot{y}(t) + a_1(t)\dot{y}(t) + a_2(t)y(t) = u(t) \tag{2.2}$$

の二つの形があり，(2.1) 式の場合は線形定数系，(2.2) 式は線形時変数系と呼ばれる．線形定数系のことを線形時不変系（Linear Time Invariant System），線形時変数系のことを線形時変系（Linear Time Variant System）とも呼ぶ．古典制御理論の基本であるラプラス変換は (2.1) 式の形，すなわち，線形定数系を対象にしている．一方，現代制御理論は線形定数系も時変数系もまとめて取り扱うことができる．しかし本書では，古典制御理論との対応から，特に断らない限り線形定数系を取り扱うことにする．

2.2　状態方程式によるシステムの表現

状態方程式に入る準備として古典制御理論の復習から始めよう．

例題 2.1　(2.1) 式で表されるシステムの伝達関数を求めよ．

解答　システムの伝達関数は，$y(t)$ に関する初期値 $y(0)$，$\dot{y}(0)$ を零にした場合の入力および出力のラプラス変換の比で与えられる．すなわち，(2.1) 式のラプラス変換

$$s^2Y(s) + a_1sY(s) + a_2Y(s) = U(s) \tag{2.3}$$

から，

$$G(s) = \frac{Y(s)}{U(s)} = \frac{1}{s^2 + a_1s + a_2} \tag{2.4}$$

である．ここで $Y(s)$，$U(s)$ はそれぞれ $y(t)$，$u(t)$ のラプラス変換である．

(2.4) 式が，(2.1) 式の線形微分方程式で表現されるシステムの伝達関数であり，古典制御理論によるシステムの表現なのである．(2.1) 式，(2.2) 式で $u(t)$ は，微分方程式論では強制項とか外力と呼ばれているが，古典制御理論では入力と呼ばれる．(2.4) 式をブロック線図で表現すれば図 2-1 である．

(2.4) 式から，入力 $U(s)$ に対する出力 $Y(s)$ は，

$$Y(s) = G(s)U(s) = \frac{1}{s^2 + a_1s + a_2}U(s) \tag{2.5}$$

で与えられる．例えば入力 $u(t)$ が単位ステップ入力の場合，単位ステップ関数の

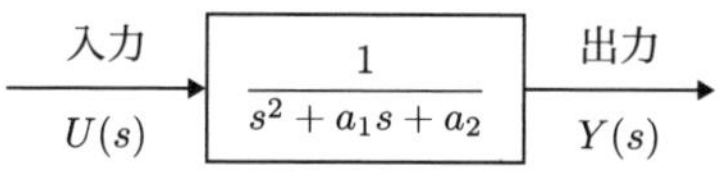

図 2-1　伝達関数によるシステムの表現

ラプラス変換は $U(s) = \dfrac{1}{s}$ だから，出力 $y(t)$ は，

$$y(t) = \mathcal{L}^{-1}\left[\frac{1}{s^2 + a_1 s + a_2}\cdot\frac{1}{s}\right] \tag{2.6}$$

で求めることができる．

しかし，古典制御理論では入力に対する時間軸での解を計算により直接求めることは少ない．(2.6) 式の $\mathcal{L}^{-1}$ はラプラス逆変換を意味しており，逆変換により s 領域の現象を時間領域に戻すことができるが，制御系設計の現場で実際にラプラス逆変換を用いて時間応答としての解を求めることはあまりないことで，古典制御理論による解析・設計の内容のほとんどは (2.4) 式の伝達関数のまま，すなわち s 領域での議論である．もし古典制御理論が線形微分方程式で表現されるシステムの解を求めることだけに興味があるのなら，ラプラスの演算子 s は常微分方程式論での演算子法と変わるところはないのである．

古典制御理論と現代制御理論の基本的な違いは，対象とするシステムの表現方法にあるといってよいだろう．古典制御理論がシステムの入力と出力の関係のみに注目しているのに対して，現代制御理論ではシステムの内部状態にも着目しているのである．ここでシステムの内部状態とは，出力 $y(t)$ だけではなく，その変化率 $\dot{y}(t)$ も意味している．システムの次数が高くなれば，$\dot{y}(t)$, $\ddot{y}(t)$, $\cdots$ とすべての状態の変化に着目するのである．このことについても復習をしてみよう．

例題 2.2　(2.1) 式で表されるシステムのシステム方程式を求めよ．

解答　(2.1) 式において，

$$\left.\begin{aligned} x_1(t) &= y(t) \\ x_2(t) &= \dot{y}(t) \end{aligned}\right\} \tag{2.7}$$

と置けば，

$$\begin{aligned} \dot{x}_1(t) &= \dot{y}(t) = x_2(t) \\ \dot{x}_2(t) &= \ddot{y}(t) = -a_1 x_2(t) - a_2 x_1(t) + u(t) \end{aligned}$$

から

$$\begin{bmatrix} \dot{x}_1(t) \\ \dot{x}_2(t) \end{bmatrix} = \begin{bmatrix} 0 & 1 \\ -a_2 & -a_1 \end{bmatrix} \begin{bmatrix} x_1(t) \\ x_2(t) \end{bmatrix} + \begin{bmatrix} 0 \\ 1 \end{bmatrix} u(t) \tag{2.8}$$

である．(2.8) 式で，

$$\boldsymbol{x}(t) = \begin{bmatrix} x_1(t) \\ x_2(t) \end{bmatrix}, \quad \boldsymbol{A} = \begin{bmatrix} 0 & 1 \\ -a_2 & -a_1 \end{bmatrix}, \quad \boldsymbol{b} = \begin{bmatrix} 0 \\ 1 \end{bmatrix} \tag{2.9}$$

と置けば，(2.8) 式は，

$$\dot{\boldsymbol{x}} = \boldsymbol{A}\boldsymbol{x} + \boldsymbol{b}u(t) \tag{2.10}$$

と表現できる．ここで $\boldsymbol{x}(t)$ は**状態ベクトル**，(2.10) 式は**状態方程式**と呼ばれている．また，このとき，システムの出力は $y(t)$ だから，

$$y(t) = \boldsymbol{c}^T \boldsymbol{x}(t), \quad \boldsymbol{c}^T = [1, 0] \tag{2.11}$$

と表現することができる．(2.11) 式を**出力方程式**と呼ぶ．

このように現代制御理論でのシステムの表現は，状態方程式と出力方程式からなり，

$$\left.\begin{aligned} \dot{\boldsymbol{x}}(t) &= \boldsymbol{A}\boldsymbol{x}(t) + \boldsymbol{b}u(t) \\ y(t) &= \boldsymbol{c}^T \boldsymbol{x}(t) \end{aligned}\right\} \tag{2.12}$$

である．(2.12) 式をまとめて**システム方程式**と呼ぶ．$\boldsymbol{A}$ は**システム行列**，$\boldsymbol{b}$ は**入力行列**，$\boldsymbol{c}$ は**出力行列**と呼ばれる．(2.4) 式の伝達関数に代わって (2.12) 式でシステムを表現するのが現代制御理論なのである．なお，(2.11) 式の出力方程式については，

$$y(t) = \boldsymbol{c}^T \boldsymbol{x}(t) + du(t) \tag{2.13}$$

と表現するほうがより一般的である．これは入力が出力にも直接現れている場合であり，古典制御理論で考えれば伝達関数の分子の次数が分母の次数に等しい場合に相当している．古典制御理論では一般に分子の次数が分母の次数より低い場合を取り扱っているため，ほとんどの場合 $d = 0$ である．

(2.12) 式の関係を古典制御理論にならってブロック線図で表現すれば，図 2-2 になる．図 2-2 で実線の矢印はスカラーの信号の流れを意味し，点線の矢印はベクトルの信号の流れを意味している．古典制御理論が取り扱っているのは基本的に **1 入力 1 出力系**であるが，現代制御理論は容易に**多入力多出力系**に拡張できて，(2.12) 式で入力 $u(t)$ も出力 $y(t)$ もベクトルであって問題ない．ただここでは，現代制御理論についても古典制御理論との対応から基本的にはスカラー，すなわち 1 入力 1 出力系について考える．

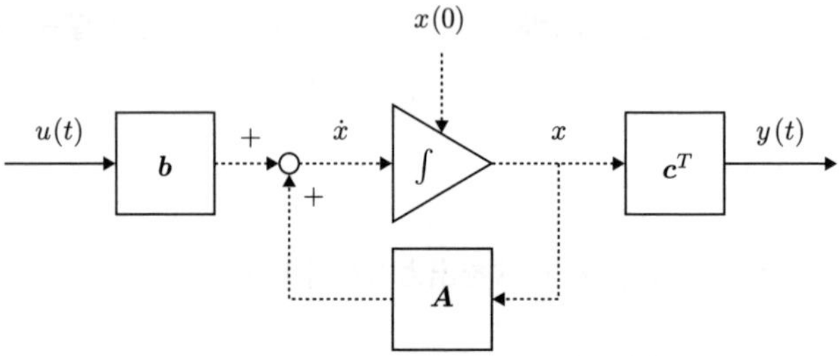

図 2-2　状態変数線図

例題 2.3　$\ddot{y}(t) + 3\dot{y}(t) + 2y(t) = u(t)$ で表現されるシステムの伝達関数およびシステム方程式を求めよ．ただし $y(0) = \dot{y}(0) = 0$ とする．

解答　両辺をラプラス変換すれば，

$$(s^2 + 3s + 2)Y(s) = U(s)$$

である．したがってシステムの伝達関数は，

$$G(s) = \frac{Y(s)}{U(s)} = \frac{1}{s^2 + 3s + 2}$$

で与えられる．次にシステム方程式を求める．

$$x_1(t) = y(t)$$
$$x_2(t) = \dot{y}(t)$$

と置けば,

$$\dot{x}_1(t) = \dot{y}(t) = x_2(t)$$
$$\dot{x}_2(t) = \ddot{y}(t) = -3x_2(t) - 2x_1(t) + u(t)$$

だから

$$\begin{bmatrix} \dot{x}_1(t) \\ \dot{x}_2(t) \end{bmatrix} = \begin{bmatrix} 0 & 1 \\ -2 & -3 \end{bmatrix} \begin{bmatrix} x_1(t) \\ x_2(t) \end{bmatrix} + \begin{bmatrix} 0 \\ 1 \end{bmatrix} u(t)$$

である．したがってシステム方程式は,

$$\dot{\boldsymbol{x}}(t) = \boldsymbol{A}\boldsymbol{x}(t) + \boldsymbol{b}u(t)$$
$$y(t) = \boldsymbol{c}^T \boldsymbol{x}(t)$$
$$\boldsymbol{x}(t) = \begin{bmatrix} x_1(t) \\ x_2(t) \end{bmatrix}, \quad \boldsymbol{A} = \begin{bmatrix} 0 & 1 \\ -2 & -3 \end{bmatrix}, \quad \boldsymbol{b} = \begin{bmatrix} 0 \\ 1 \end{bmatrix}, \quad \boldsymbol{c} = \begin{bmatrix} 1 \\ 0 \end{bmatrix}$$

である．

以上の例はシステムの挙動を表す微分方程式が最初から得られている場合であるが，実際のシステムのシステム方程式を得るためには，微分方程式を得るところから始めなければならない．電気系と機械系の例題を一つずつ示そう．

例題 2.4　図 2-3 の直流サーボモータの伝達関数およびシステム方程式を求めよ．

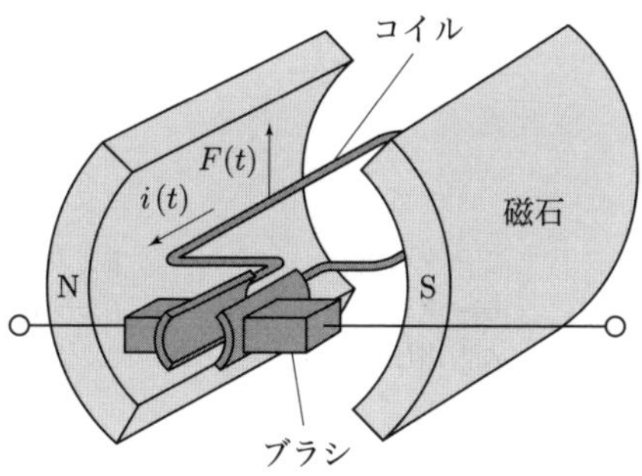

ステータによる磁束密度	B	〔$\mathrm{Wb/m^2}$〕
コイルに流れる電流	$i(t)$	〔A〕
コイルの有効長	l	〔m〕
コイルの回転角	θ	〔rad〕
コイルの回転角速度	$\omega(t)$	〔rad/s〕
コイルの回転半径	r	〔m〕

図 2-3　直流サーボモータ

解答

1) 磁界中の単位長さのコイルに働く力 F は，フレミングの左手の法則により

$$F(t) = i(t) \times B \quad 〔\mathrm{N/m}〕 \tag{2.14}$$

である．ここで × はベクトル積を意味している．電流 $i(t)$ と磁界 B は常に直交しており，したがってこの力によりコイルの有効長 l に作用するトルク T は，このトルクがコイルの両側で発生することを考えて，

$$T(t) = 2rF(t) \cdot l = k_t i(t), \quad k_t = 2rlB \tag{2.15}$$

である．

2) 単位長さのコイルに発生する逆起電力 e は，フレミングの右手の法則により

$$e(t) = v(t) \times B \quad 〔\mathrm{V}〕 \tag{2.16}$$

である．ただし $v(t)$ はコイルの接線方向の速度で，$v(t) = r\omega(t)$ である．ここでも速度 $v(t)$ と磁界 B は直交し，逆起電力もコイルの両側で発生するから，コイルの有効長 l における逆起電力は

$$e(t) = k_e \omega(t), \quad k_e = 2rlB \tag{2.17}$$

である．すなわち，トルク定数 k_t と逆起電力係数 k_e は等しい．

3) 直流サーボモータ回路は図 2-4 のように考えることができるから，回路方程式は，

$$e_m(t) = R_m i(t) + L_m \frac{d}{dt} i(t) + e(t) \tag{2.18}$$

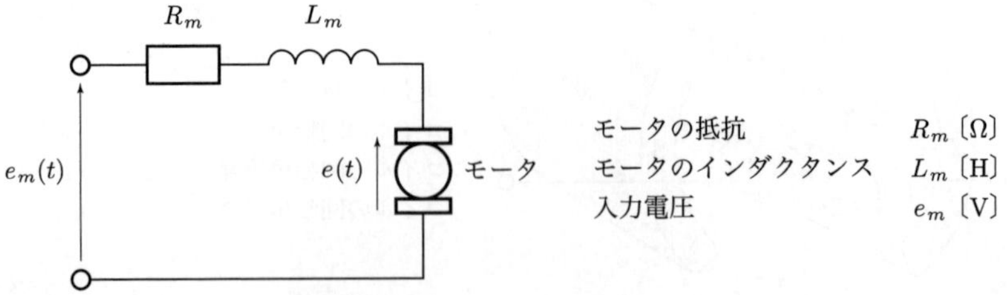

図 2-4　直流サーボモータ等価回路

4) 発生トルクと負荷の関係は，モータの慣性能率を J_m〔kgm^2〕，負荷トルクを T_l〔Nm〕とすれば，

$$T(t) = J_m \frac{d}{dt}\omega(t) + T_l \tag{2.19}$$

5) モータの回転角度を $\theta(t)$ とすれば，

$$\frac{d}{dt}\theta(t) = \omega(t) \tag{2.20}$$

である．

(2.15) 式，(2.17)～(2.20) 式が直流サーボモータの挙動を表現する微分方程式である．ここで無負荷の状態を考えることにして (2.19) 式で $T_l = 0$ とし，(2.20) 式を用いて (2.17) 式，(2.19) 式から $\omega(t)$ を消去すれば，簡単のために微分記号の "・" を用いて，

$$e(t) = k_e\dot{\theta}(t) \tag{2.21}$$

$$T(t) = J_m\ddot{\theta}(t) \tag{2.22}$$

である．そこで (2.21) 式を (2.18) 式に，(2.15) 式を (2.22) 式に代入して，

$$\dot{i}(t) = -\frac{R_m}{L_m}i(t) - \frac{k_e}{L_m}\dot{\theta}(t) + \frac{1}{L_m}e_m(t) \tag{2.23}$$

$$\ddot{\theta}(t) = \frac{k_t}{J_m}i(t) \tag{2.24}$$

である．(2.23) 式，(2.24) 式で状態ベクトルを，

$$\left.\begin{aligned} x_1(t) &= i(t) \\ x_2(t) &= \theta(t) \\ x_3(t) &= \dot{\theta}(t) \end{aligned}\right\} \tag{2.25}$$

に選べば，

$$\dot{x}_1(t) = -\frac{R_m}{L_m}x_1(t) - \frac{k_e}{L_m}x_3(t) + \frac{1}{L_m}e_m(t) \tag{2.26}$$

$$\dot{x}_2(t) = x_3(t) \tag{2.27}$$

$$\dot{x}_3(t) = \frac{k_t}{J_m}x_1(t) \tag{2.28}$$

である．(2.26)～(2.28) 式から $e_m(t)$ を入力，$\theta(t)$ を出力として，(2.29) 式のシステムを得る．

$$\boldsymbol{A}=\begin{bmatrix} -\dfrac{R_m}{L_m} & 0 & -\dfrac{k_e}{L_m} \\ 0 & 0 & 1 \\ \dfrac{k_t}{J_m} & 0 & 0 \end{bmatrix},\quad \boldsymbol{b}=\begin{bmatrix} \dfrac{1}{L_m} \\ 0 \\ 0 \end{bmatrix},\quad \boldsymbol{c}=\begin{bmatrix} 0 \\ 1 \\ 0 \end{bmatrix} \tag{2.29}$$

また，この場合の伝達関数は，(2.26)～(2.28) 式をラプラス変換し，$x_2(t)$ のラプラス変換を $\Theta(s)$，$e_m(t)$ のラプラス変換を $E_m(s)$ とすることにより，

$$G(s)=\frac{\Theta(s)}{E_m(s)}=\frac{\dfrac{k_t}{J_m}\dfrac{1}{L_m}}{s\left\{s\left(s+\dfrac{R_m}{L_m}\right)+\dfrac{k_t}{J_m}\dfrac{k_e}{L_m}\right\}} \tag{2.30}$$

である．(2.30) 式は (2.23) 式，(2.24) 式を直接ラプラス変換しても得られる．

例題 2.5　図 2-5 の倒立振子の伝達関数およびシステム方程式を求めよ．

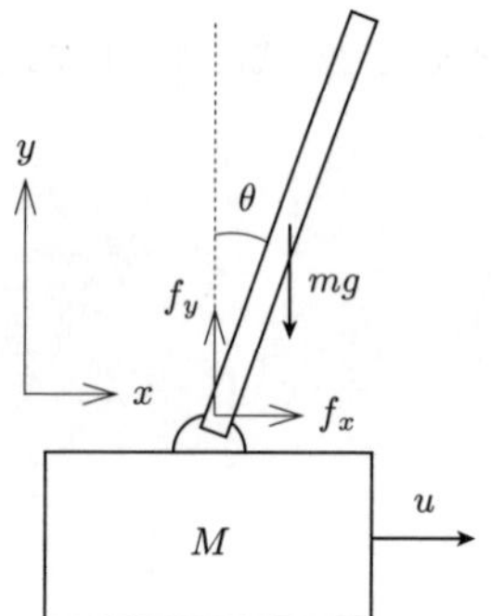

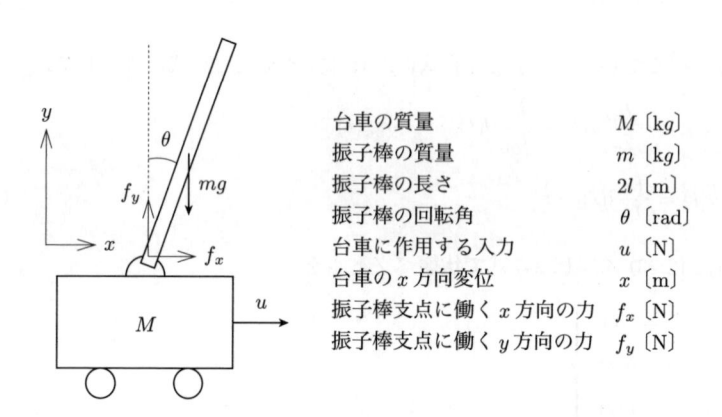

台車の質量	M〔kg〕
振子棒の質量	m〔kg〕
振子棒の長さ	$2l$〔m〕
振子棒の回転角	θ〔rad〕
台車に作用する入力	u〔N〕
台車の x 方向変位	x〔m〕
振子棒支点に働く x 方向の力	f_x〔N〕
振子棒支点に働く y 方向の力	f_y〔N〕

図 2-5　倒立振子

解答　台車の x 方向に関する運動方程式を求める．f_x は支点が振子棒に及ぼす力だから，台車に対してはその反力で $-f_x$ である．

$$M\ddot{x}(t)=u(t)-f_x \tag{2.31}$$

次に振子棒回転運動に関する運動方程式を求める．振子棒の重心点回りに関する慣性能率を I〔kgm^2〕とすれば

$$I\ddot{\theta}(t) = f_y l \sin\theta(t) - f_x l \cos\theta(t) \tag{2.32}$$

である．

また，振子棒の上下方向運動方程式は，

$$m\frac{d^2}{dt^2}(l\cos\theta(t)) = -mg + f_y \tag{2.33}$$

振子棒の水平方向運動方程式は，

$$m\frac{d^2}{dt^2}(x(t) + l\sin\theta(t)) = f_x \tag{2.34}$$

である．(2.31)〜(2.34) 式が倒立振子の運動方程式を表している．なお，振子の慣性能率 I は，振子棒の質量線密度を Δm〔kg/m〕とすれば（$\Delta m 2l = m$），

$$I = \sum_i m_i r^2 = \int_{-l}^{l} \Delta m r^2 dr = \frac{2}{3}\Delta m l^3 = \frac{1}{3}ml^2 \tag{2.35}$$

で与えられる．

(2.32)〜(2.34) 式で $\theta(t) << 1$ として，

$$\cos\theta(t) = 1,\quad \sin\theta(t) = \theta(t)$$

の近似式を用いると，(2.31)〜(2.34) 式は，

$$M\ddot{x}(t) = u(t) - f_x \tag{2.36}$$

$$I\ddot{\theta}(t) = f_y l\theta(t) - f_x l \tag{2.37}$$

$$f_y = mg \tag{2.38}$$

$$m\ddot{x}(t) + ml\ddot{\theta}(t) = f_x \tag{2.39}$$

である．(2.36)〜(2.39) 式から f_x，f_y を消去して (2.35) 式を用いると，

$$\ddot{x}(t) = -\frac{3mg}{4M+m}\theta(t) + \frac{4}{4M+m}u(t) \tag{2.40}$$

$$\ddot{\theta}(t) = \frac{3(M+m)g}{(4M+m)l}\theta(t) - \frac{3}{(4M+m)l}u(t) \tag{2.41}$$

である．ここで状態変数を，

$$\left.\begin{aligned} x_1(t) &= x(t) \\ x_2(t) &= \theta(t) \\ x_3(t) &= \dot{x}(t) \\ x_4(t) &= \dot{\theta}(t) \end{aligned}\right\} \tag{2.42}$$

と置けば，

$$\boldsymbol{A} = \begin{bmatrix} 0 & 0 & 1 & 0 \\ 0 & 0 & 0 & 1 \\ 0 & -\dfrac{3mg}{4M+m} & 0 & 0 \\ 0 & \dfrac{3(M+m)g}{(4M+m)l} & 0 & 0 \end{bmatrix}, \quad \boldsymbol{b} = \begin{bmatrix} 0 \\ 0 \\ \dfrac{4}{4M+m} \\ -\dfrac{3}{(4M+m)l} \end{bmatrix}, \quad \boldsymbol{c} = \begin{bmatrix} 0 \\ 1 \\ 0 \\ 0 \end{bmatrix} \tag{2.43}$$

である．このシステムにおいては台車の変位 $x(t)$ も出力と見ることができる．その場合は出力行列を $\boldsymbol{c}^T = [1, 0, 0, 0]$ とすればよい．

台車に加えられる力 $u(t)$ を入力，振子棒の回転角 $\theta(t)$ を出力と考えた場合のこのシステムの伝達関数は，それぞれのラプラス変換を $U(s)$，$\Theta(s)$ とすれば，(2.41) 式から，

$$G(s) = \frac{\Theta(s)}{U(s)} = -\frac{3}{(4M+m)ls^2 - 3(M+m)g} \tag{2.44}$$

である．

2.3　システム方程式と伝達関数の関係

ここで，古典制御理論でいう伝達関数と現代制御理論のシステム方程式との関係を考えてみよう．$\boldsymbol{x}(t)$ の初期値を零として (2.12) 式をラプラス変換すれば，

$$\left.\begin{aligned} (s\boldsymbol{I} - \boldsymbol{A})X(s) &= \boldsymbol{b}U(s) \\ Y(s) &= \boldsymbol{c}^T X(s) \end{aligned}\right\} \tag{2.45}$$

である．ここで $\boldsymbol{I}$ は単位行列である．したがって，

$$\left.\begin{array}{l} X(s) = (s\boldsymbol{I} - \boldsymbol{A})^{-1}\boldsymbol{b}U(s) \\ Y(s) = \boldsymbol{c}^T(s\boldsymbol{I} - \boldsymbol{A})^{-1}\boldsymbol{b}U(s) \end{array}\right\} \tag{2.46}$$

であり，古典制御理論での伝達関数 $G(s)$ は，

$$G(s) = \frac{Y(s)}{U(s)} = \boldsymbol{c}^T(s\boldsymbol{I} - \boldsymbol{A})^{-1}\boldsymbol{b} \tag{2.47}$$

である．$(s\boldsymbol{I} - \boldsymbol{A})^{-1}$ は行列 $(s\boldsymbol{I} - \boldsymbol{A})$ の逆行列であり，

$$(s\boldsymbol{I} - \boldsymbol{A})^{-1} = \frac{\mathrm{adj}(s\boldsymbol{I} - \boldsymbol{A})}{|s\boldsymbol{I} - \boldsymbol{A}|} \tag{2.48}$$

で定義される．ここで $\mathrm{adj}(s\boldsymbol{I} - \boldsymbol{A})$ は行列 $(s\boldsymbol{I} - \boldsymbol{A})$ の余因子行列である．したがって (2.47) 式に戻れば，

$$G(s) = \frac{\boldsymbol{c}^T \mathrm{adj}(s\boldsymbol{I} - \boldsymbol{A})\boldsymbol{b}}{|s\boldsymbol{I} - \boldsymbol{A}|} \tag{2.49}$$

である．(2.49) 式が古典制御理論における伝達関数と現代制御理論におけるシステム方程式との関係を表している．(2.49) 式で

$$|s\boldsymbol{I} - \boldsymbol{A}| = 0 \tag{2.50}$$

が古典制御理論における特性方程式に相当しており，(2.50) 式を満足する複素数 s が伝達関数の分母を零にする極である．すなわち，古典制御理論における特性根は，現代制御理論ではシステム行列 $\boldsymbol{A}$ の固有値である．

なお，出力方程式が (2.13) 式の場合，(2.47) 式は，

$$G(s) = \frac{Y(s)}{U(s)} = \boldsymbol{c}^T(s\boldsymbol{I} - \boldsymbol{A})^{-1}\boldsymbol{b} + d \tag{2.51}$$

である．

例題 2.6　例題 2.3 について (2.47) 式を確認せよ．

解答

$$\boldsymbol{A} = \begin{bmatrix} 0 & 1 \\ -2 & -3 \end{bmatrix},\quad \boldsymbol{b} = \begin{bmatrix} 0 \\ 1 \end{bmatrix},\quad \boldsymbol{c} = \begin{bmatrix} 1 \\ 0 \end{bmatrix}$$

だから,

$$(s\boldsymbol{I}-\boldsymbol{A}) = \begin{bmatrix} s & -1 \\ 2 & s+3 \end{bmatrix},\quad (s\boldsymbol{I}-\boldsymbol{A})^{-1} = \frac{1}{s^2+3s+2}\begin{bmatrix} s+3 & 1 \\ -2 & s \end{bmatrix}$$

$$\begin{aligned} G(s) &= \boldsymbol{c}^T(s\boldsymbol{I}-\boldsymbol{A})^{-1}\boldsymbol{b} \\ &= \frac{1}{s^2+3s+2}[1,0]\begin{bmatrix} s+3 & 1 \\ -2 & s \end{bmatrix}\begin{bmatrix} 0 \\ 1 \end{bmatrix} = \frac{1}{s^2+3s+2} \end{aligned}$$

であり，これは例題 2.3 の $G(s)$ に等しい.

2.4　伝達関数からシステム方程式への変換

伝達関数からシステム方程式を求める問題を**実現問題**という．システム方程式から伝達関数は一義的に定まるが，伝達関数からシステム方程式への変換方法は一通りではない．伝達関数は入力と出力の最終的な関係だけを表現しており，伝達関数のみが与えられた場合，その内部の物理現象は見えなくなっている．したがって伝達関数を構成するブロック線図の数学的な組み替えが可能なのである.

例題 2.7　次のシステムのシステム方程式を求めよ.

$$G(s) = \frac{2}{s(s+1)(s+2)} \tag{2.52}$$

解答

❒ 解 1：可制御正準形式での表現

$$G(s) = \frac{Y(s)}{U(s)} = \frac{2}{s(s+1)(s+2)}$$

と置けば,

$$(s^3+3s^2+2s)Y(s) = 2U(s)$$

だから，これをラプラス逆変換して,

$$\dddot{y}(t) + 3\ddot{y}(t) + 2\dot{y}(t) = 2u(t)$$

である．ここで，

$$x_1(t) = y(t)$$
$$x_2(t) = \dot{y}(t)$$
$$x_3(t) = \ddot{y}(t)$$

と置けば，

$$\dot{x}_1(t) = x_2(t)$$
$$\dot{x}_2(t) = x_3(t)$$
$$\dot{x}_3(t) = -3x_3(t) - 2x_2(t) + 2u(t)$$

である．したがって，システム行列 $\boldsymbol{A}$，入力行列 $\boldsymbol{b}$，出力行列 $\boldsymbol{c}$ は，

$$\boldsymbol{A} = \begin{bmatrix} 0 & 1 & 0 \\ 0 & 0 & 1 \\ 0 & -2 & -3 \end{bmatrix}, \quad \boldsymbol{b} = \begin{bmatrix} 0 \\ 0 \\ 2 \end{bmatrix}, \quad \boldsymbol{c} = \begin{bmatrix} 1 \\ 0 \\ 0 \end{bmatrix} \tag{2.53}$$

である．この (2.53) 式の形を**可制御正準形式**という．

❒ 解 2：対角正準形式での表現

(2.52) 式を部分分数に分解すると

$$G(s) = \frac{a_1}{s} + \frac{a_2}{s+1} + \frac{a_3}{s+2}$$

$$a_1 = \lim_{s \to 0} \frac{2}{(s+1)(s+2)} = 1$$

$$a_2 = \lim_{s \to -1} \frac{2}{s(s+2)} = -2$$

$$a_3 = \lim_{s \to -2} \frac{2}{s(s+1)} = 1$$

である．したがって，

$$G(s) = \frac{1}{s} - \frac{2}{s+1} + \frac{1}{s+2}$$

である．このとき出力 $Y(s)$ は，

$$Y(s) = \left(\frac{1}{s} - \frac{2}{s+1} + \frac{1}{s+2}\right) U(s)$$

である．ここで

$$X_1(s) = \frac{1}{s}U(s),\quad X_2(s) = \frac{2}{s+1}U(s),\quad X_3(s) = \frac{1}{s+2}U(s)$$

と置けば出力 $Y(s)$ は，

$$Y(s) = X_1(s) - X_2(s) + X_3(s)$$

で与えられる．ラプラス逆変換して，

$$\begin{aligned}
\dot{x}_1(t) &= u(t)\\
\dot{x}_2(t) &= -x_2(t) + 2u(t)\\
\dot{x}_3(t) &= -2x_3(t) + u(t)\\
y(t) &= x_1(t) - x_2(t) + x_3(t)
\end{aligned}$$

である．したがって，

$$\boldsymbol{A} = \begin{bmatrix} 0 & 0 & 0 \\ 0 & -1 & 0 \\ 0 & 0 & -2 \end{bmatrix},\quad \boldsymbol{b} = \begin{bmatrix} 1 \\ 2 \\ 1 \end{bmatrix},\quad \boldsymbol{c} = \begin{bmatrix} 1 \\ -1 \\ 1 \end{bmatrix} \tag{2.54}$$

である．この (2.54) 式の形を**対角正準形式**（ジョルダン標準形）という．対角要素に固有値 0，−1，−2 が並んでいるのが特徴である．

❐ 解3：可観測正準形式での表現

(2.53) 式で与えられた可制御正準形式の $(\boldsymbol{A}, \boldsymbol{b}, \boldsymbol{c})$ に対して $(\boldsymbol{A}^T, \boldsymbol{c}, \boldsymbol{b})$ を考え，これを $(\boldsymbol{A}, \boldsymbol{b}, \boldsymbol{c})$ とする新しいシステムを考える．すなわち，

$$\boldsymbol{A} = \begin{bmatrix} 0 & 0 & 0 \\ 1 & 0 & -2 \\ 0 & 1 & -3 \end{bmatrix},\quad \boldsymbol{b} = \begin{bmatrix} 1 \\ 0 \\ 0 \end{bmatrix},\quad \boldsymbol{c} = \begin{bmatrix} 0 \\ 0 \\ 2 \end{bmatrix} \tag{2.55}$$

とする．このとき，

$$\boldsymbol{c}^T(s\boldsymbol{I} - \boldsymbol{A})^{-1}\boldsymbol{b} = \frac{2}{s^3 + 3s^2 + 2s} = \frac{2}{s(s+1)(s+2)}$$

であり，(2.52) 式のシステムが実現できていることが確認できる．この (2.55) 式の形を**可観測正準形式**という．

例題 2.8　次のシステムのシステム方程式を求めよ．

$$G(s) = \frac{3s+5}{(s+1)(s+2)(s+3)} \tag{2.56}$$

解答

❐ 解 1：可制御正準形式による表現

$$G(s) = \frac{Y(s)}{U(s)} = \frac{X(s)}{U(s)} \cdot \frac{Y(s)}{X(s)}$$

$$\frac{X(s)}{U(s)} = \frac{1}{s^3+6s^2+11s+6}$$

$$\frac{Y(s)}{X(s)} = 3s+5$$

と分解することができる．ラプラス逆変換すれば，

$$\dddot{x}(t) + 6\ddot{x}(t) + 11\dot{x}(t) + 6x(t) = u(t)$$

$$y(t) = 3\dot{x}(t) + 5x(t)$$

である．状態ベクトルを

$$x_1(t) = x(t)$$

$$x_2(t) = \dot{x}(t)$$

$$x_3(t) = \ddot{x}(t)$$

と置けば，

$$\dot{x}_1(t) = x_2(t)$$

$$\dot{x}_2(t) = x_3(t)$$

$$\dot{x}_3(t) = -6x_1(t) - 11x_2(t) - 6x_3(t) + u(t)$$

$$y(t) = 5x_1(t) + 3x_2(t)$$

である．したがって，

$$\boldsymbol{A} = \begin{bmatrix} 0 & 1 & 0 \\ 0 & 0 & 1 \\ -6 & -11 & -6 \end{bmatrix}, \quad \boldsymbol{b} = \begin{bmatrix} 0 \\ 0 \\ 1 \end{bmatrix}, \quad \boldsymbol{c} = \begin{bmatrix} 5 \\ 3 \\ 0 \end{bmatrix} \tag{2.57}$$

❐ 解2：対角正準形式による表現

$G(s)$ を部分分数に分解すると，

$$G(s) = \frac{a_1}{s+1} + \frac{a_2}{s+2} + \frac{a_3}{s+3}$$

$$a_1 = \lim_{s\to -1} \frac{3s+5}{(s+2)(s+3)} = 1$$

$$a_2 = \lim_{s\to -2} \frac{3s+5}{(s+1)(s+3)} = 1$$

$$a_3 = \lim_{s\to -3} \frac{3s+5}{(s+1)(s+2)} = -2$$

である．したがって，

$$G(s) = \frac{1}{s+1} + \frac{1}{s+2} - \frac{2}{s+3}$$

である．このとき出力 $Y(s)$ は，

$$Y(s) = \left(\frac{1}{s+1} + \frac{1}{s+2} - \frac{2}{s+3}\right)U(s)$$

である．ここで

$$X_1(s) = \frac{1}{s+1}U(s),\quad X_2(s) = \frac{1}{s+2}U(s),\quad X_3(s) = \frac{2}{s+3}U(s)$$

と置けば出力 $Y(s)$ は，

$$Y(s) = X_1(s) + X_2(s) - X_3(s)$$

で与えられる．ラプラス逆変換して，

$$\begin{aligned}
\dot{x}_1(t) &= -x_1(t) + u(t)\\
\dot{x}_2(t) &= -2x_2(t) + u(t)\\
\dot{x}_3(t) &= -3x_3(t) + 2u(t)\\
y(t) &= x_1(t) + x_2(t) - x_3(t)
\end{aligned}$$

である．したがって，

$$\boldsymbol{A} = \begin{bmatrix} -1 & 0 & 0\\ 0 & -2 & 0\\ 0 & 0 & -3 \end{bmatrix},\ \boldsymbol{b} = \begin{bmatrix} 1\\ 1\\ 2 \end{bmatrix},\ \boldsymbol{c} = \begin{bmatrix} 1\\ 1\\ -1 \end{bmatrix} \tag{2.58}$$

❒ 解 3：可観測正準形式による表現

可制御正準形式に対して $(\boldsymbol{A}^T, \boldsymbol{c}, \boldsymbol{b})$ のシステムを考える．すなわち，新しいシステム $(\boldsymbol{A}, \boldsymbol{b}, \boldsymbol{c})$ を，

$$\boldsymbol{A} = \begin{bmatrix} 0 & 0 & -6 \\ 1 & 0 & -11 \\ 0 & 1 & -6 \end{bmatrix}, \quad \boldsymbol{b} = \begin{bmatrix} 5 \\ 3 \\ 0 \end{bmatrix}, \quad \boldsymbol{c} = \begin{bmatrix} 0 \\ 0 \\ 1 \end{bmatrix} \tag{2.59}$$

とすれば，

$$\boldsymbol{c}^T(s\boldsymbol{I} - \boldsymbol{A})^{-1}\boldsymbol{b} = \frac{3s+5}{s^3+6s^2+11s+6}$$

である．

例題 2.9　次のシステムのシステム方程式を求めよ．

$$G(s) = \frac{1}{(s+1)^2(s+2)} \tag{2.60}$$

解答

❒ 解 1：可制御正準形式による表現

$$G(s) = \frac{Y(s)}{U(s)} = \frac{1}{(s+1)^2(s+2)}$$

と置けば，ラプラス逆変換して，

$$\dddot{y}(t) + 4\ddot{y}(t) + 5\dot{y}(t) + 2y(t) = u(t)$$

である．ここで，

$$\begin{aligned} x_1(t) &= y(t) \\ x_2(t) &= \dot{y}(t) \\ x_3(t) &= \ddot{y}(t) \end{aligned}$$

と置けば，

$$\begin{aligned} \dot{x}_1(t) &= x_2(t) \\ \dot{x}_2(t) &= x_3(t) \\ \dot{x}_3(t) &= -4x_3(t) - 5x_2(t) - 2x_1(t) + u(t) \end{aligned}$$

である．したがって，システム行列 $\boldsymbol{A}$，入力行列 $\boldsymbol{b}$，出力行列 $\boldsymbol{c}$ は，

$$\boldsymbol{A} = \begin{bmatrix} 0 & 1 & 0 \\ 0 & 0 & 1 \\ -2 & -5 & -4 \end{bmatrix}, \quad \boldsymbol{b} = \begin{bmatrix} 0 \\ 0 \\ 1 \end{bmatrix}, \quad \boldsymbol{c} = \begin{bmatrix} 1 \\ 0 \\ 0 \end{bmatrix} \tag{2.61}$$

❒ 解2：対角正準形式による表現

(2.60) 式を部分分数に分解すると，

$$G(s) = \frac{a_1}{(s+1)^2} + \frac{a_2}{s+1} + \frac{a_3}{s+2}$$

$$a_1 = \lim_{s \to -1} (s+1)^2 \frac{1}{(s+1)^2(s+2)} = 1$$

$$a_2 = \lim_{s \to -1} \frac{d}{ds}(s+1)^2 \frac{1}{(s+1)^2(s+2)} = \lim_{s \to -1} -\frac{1}{(s+2)^2} = -1$$

$$a_3 = \lim_{s \to -2} \frac{1}{(s+1)^2} = 1$$

である．したがって，

$$G(s) = \frac{1}{(s+1)^2} - \frac{1}{s+1} + \frac{1}{s+2}$$

である．このとき出力 $Y(s)$ は，

$$Y(s) = \left\{ \frac{1}{(s+1)^2} - \frac{1}{s+1} + \frac{1}{s+2} \right\} U(s)$$

である．ここで

$$X_1(s) = \frac{1}{s+1} X_2(s), \quad X_2(s) = \frac{1}{s+1} U(s), \quad X_3(s) = \frac{1}{s+2} U(s)$$

と置けば，出力は

$$Y(s) = X_1(s) - X_2(s) + X_3(s)$$

で与えられる．ラプラス逆変換して，

$$\dot{x}_1(t) = -x_1(t) + x_2(t)$$

$$\dot{x}_2(t) = -x_2(t) + u(t)$$

$$\dot{x}_3(t) = -2x_3(t) + u(t)$$

$$y(t) = x_1(t) - x_2(t) + x_3(t)$$

である．したがって，

$$\boldsymbol{A} = \begin{bmatrix} -1 & 1 & 0 \\ 0 & -1 & 0 \\ 0 & 0 & -2 \end{bmatrix}, \quad \boldsymbol{b} = \begin{bmatrix} 0 \\ 1 \\ 1 \end{bmatrix}, \quad \boldsymbol{c} = \begin{bmatrix} 1 \\ -1 \\ 1 \end{bmatrix} \tag{2.62}$$

を得る．

❐ 解 3：可観測正準形式による表現

(2.61) 式の可制御正準形式に対して $(\boldsymbol{A}^T, \boldsymbol{c}, \boldsymbol{b})$ のシステムを考える．すなわち，新しいシステム $(\boldsymbol{A}, \boldsymbol{b}, \boldsymbol{c})$ を，

$$\boldsymbol{A} = \begin{bmatrix} 0 & 0 & -2 \\ 1 & 0 & -5 \\ 0 & 1 & -4 \end{bmatrix}, \quad \boldsymbol{b} = \begin{bmatrix} 1 \\ 0 \\ 0 \end{bmatrix}, \quad \boldsymbol{c} = \begin{bmatrix} 0 \\ 0 \\ 1 \end{bmatrix} \tag{2.63}$$

とすれば，

$$\boldsymbol{c}^T(s\boldsymbol{I} - \boldsymbol{A})^{-1}\boldsymbol{b} = \frac{1}{(s+1)^2(s+2)}$$

である．

章末問題

1　例題 2.4 について (2.47) 式を確認せよ．

2　例題 2.5 について (2.47) 式を確認せよ．

3　下図の RLC 交流回路において，コイル L に流れる電流 i_1，コンデンサ C に溜まる電荷 q を状態ベクトル，電源電圧 e を入力，回路を流れる電流 i_0 を出力としてシステム方程式を求めよ．

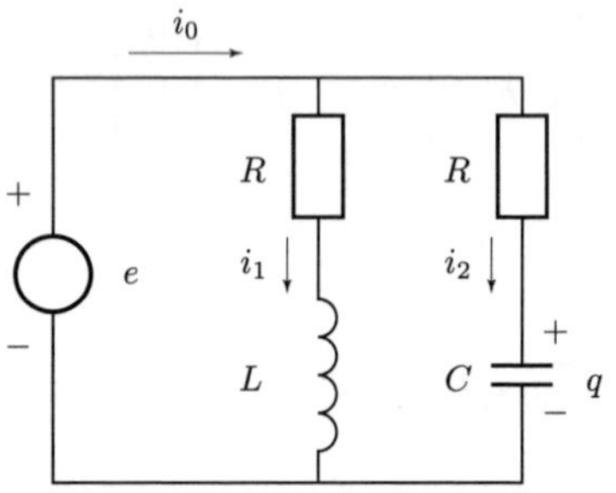

4　問題 3 において，ラプラス変換により伝達関数を求めよ．また問題 3 の結果について (2.51) 式を確認せよ．

5　次のシステムを (1) 可制御正準形式，(2) 対角正準形式，(3) 可観測正準形式で示せ．

$$G(s) = \frac{s+3}{(s+1)^2(s+2)}$$

第 3 章

線形系の応答

この章ではシステム方程式で表現されたシステムの入力に対する応答，すなわち，システム方程式の解を求める問題を考える．解法としてはベクトル型の微分方程式をスカラー型の線形 1 階微分方程式の解法にならって解く方法と，ラプラス変換による方法がある．他に，システム行列を対角化して求める方法と，ケーリー・ハミルトンの定理による方法も示す．ベクトル型の微分方程式の解を求める方法は正攻法であるが計算はやや煩雑になる．

3.1 システム方程式の解

システム方程式で表現されたシステムの応答は，状態方程式を解くことによって得られる．そこで状態方程式 (3.1) 式の解を求める問題を考える．

$$\dot{\boldsymbol{x}}(t) = \boldsymbol{A}\boldsymbol{x}(t) + \boldsymbol{b}u(t),\quad \boldsymbol{x}(0) = \boldsymbol{x}_0 \tag{3.1}$$

ここでは 1 入力系を考えることにして，入力 $u(t)$ はスカラーとする．状態変数 $\boldsymbol{x}(t)$ はベクトル，$\boldsymbol{A}$ は行列である．すなわち (3.1) 式はベクトル型の微分方程式である．このベクトル型の微分方程式はスカラーの場合の解法にならって解くことができる．

スカラーの場合と同様に，(3.1) 式の微分方程式の解は初期値に対する応答（同次方程式の解）と入力に対する応答（特解）を個別に求めて重ね合わせれば得られる．そこでまず，同次方程式の解を求める．

$$\dot{\boldsymbol{x}}(t) = \boldsymbol{A}\boldsymbol{x}(t),\quad \boldsymbol{x}(0) = \boldsymbol{x}_0 \tag{3.2}$$

(3.2) 式は1階の連立微分方程式である．ここでシステムが一次遅れ系の場合，状態ベクトル $\boldsymbol{x}(t)$ はスカラーになって，

$$\dot{x}(t) = ax(t),\quad x(0) = x_0 \tag{3.3}$$

である．(3.3) 式の解は，

$$x(t) = e^{at}x_0 \tag{3.4}$$

で与えられる．このことは (3.4) 式を (3.3) 式に代入することによって容易に確認することができる．そこで，(3.4) 式の解の形から (3.2) 式の解は，

$$\boldsymbol{x}(t) = \boldsymbol{e}^{\boldsymbol{A}t}\boldsymbol{x}_0 \tag{3.5}$$

となることが予想される．ここで $\boldsymbol{e}^{\boldsymbol{A}t}$ は状態遷移行列（State Transition Matrix）と呼ばれ，

$$\boldsymbol{e}^{\boldsymbol{A}t} = \boldsymbol{I} + \boldsymbol{A}t + \frac{1}{2!}\boldsymbol{A}^2t^2 + \cdots + \frac{1}{k!}\boldsymbol{A}^kt^k + \cdots = \sum_{k=0}^{\infty}\frac{1}{k!}\boldsymbol{A}^kt^k \tag{3.6}$$

で定義される．システム行列 $\boldsymbol{A}$ が $n \times n$ 行列のとき，$\boldsymbol{e}^{\boldsymbol{A}t}$ も $n \times n$ 行列であり，次の性質をもっている．

1） $$\frac{d}{dt}\boldsymbol{e}^{\boldsymbol{A}t} = \boldsymbol{A}\boldsymbol{e}^{\boldsymbol{A}t} = \boldsymbol{e}^{\boldsymbol{A}t}\boldsymbol{A} \tag{3.7}$$

2） $$\boldsymbol{e}^{0} = \boldsymbol{I} \tag{3.8}$$

3） $$\boldsymbol{e}^{\boldsymbol{A}t}\boldsymbol{e}^{\boldsymbol{A}\tau} = \boldsymbol{e}^{\boldsymbol{A}(t+\tau)} \tag{3.9}$$

4） $$\left[\boldsymbol{e}^{\boldsymbol{A}t}\right]^{-1} = \boldsymbol{e}^{-\boldsymbol{A}t} \tag{3.10}$$

例題 3.1　(3.7) ～ (3.10) 式を証明せよ．

解答

1) (3.6) 式を項別微分すると，

$$\begin{aligned}\frac{d}{dt}\boldsymbol{e}^{\boldsymbol{A}t} &= \boldsymbol{A} + \boldsymbol{A}^2 t + \frac{1}{2!}\boldsymbol{A}^3 t^2 + \cdots \\ &= \boldsymbol{A}\left(\boldsymbol{I} + \boldsymbol{A}t + \frac{1}{2!}\boldsymbol{A}^2 t^2 + \cdots\right) \\ &= \boldsymbol{A}\boldsymbol{e}^{\boldsymbol{A}t}\end{aligned}$$

同様に

$$\begin{aligned}\frac{d}{dt}e^{\boldsymbol{A}t} &= \boldsymbol{A} + \boldsymbol{A}^2 t + \frac{1}{2!}\boldsymbol{A}^3 t^2 + \cdots \\ &= \left(\boldsymbol{I} + \boldsymbol{A}t + \frac{1}{2!}\boldsymbol{A}^2 t^2 + \cdots\right)\boldsymbol{A} \\ &= \boldsymbol{e}^{\boldsymbol{A}t}\boldsymbol{A}\end{aligned}$$

2) (3.6) 式で $t = 0$ と置けば $\boldsymbol{e}^0 = \boldsymbol{I}$．

3) (3.6) 式から，

$$\begin{aligned}\boldsymbol{e}^{\boldsymbol{A}t}\boldsymbol{e}^{\boldsymbol{A}\tau} &= \left(\boldsymbol{I} + \boldsymbol{A}t + \frac{1}{2!}\boldsymbol{A}^2 t^2 + \cdots\right)\cdot\left(\boldsymbol{I} + \boldsymbol{A}\tau + \frac{1}{2!}\boldsymbol{A}^2 \tau^2 + \cdots\right) \\ &= \boldsymbol{I} + \boldsymbol{A}(t+\tau) + \frac{1}{2!}\boldsymbol{A}^2\left(t^2 + 2t\tau + \tau^2\right) + \cdots = \boldsymbol{e}^{\boldsymbol{A}(t+\tau)}\end{aligned}$$

4) (3.9) 式で $\tau = -t$ と置くことにより，

$$\boldsymbol{e}^{\boldsymbol{A}t}\boldsymbol{e}^{-\boldsymbol{A}t} = \boldsymbol{e}^0 = \boldsymbol{I}$$

したがって，

$$\boldsymbol{e}^{-\boldsymbol{A}t} = \left[\boldsymbol{e}^{\boldsymbol{A}t}\right]^{-1}$$

状態遷移行列に関する以上の性質を前提にして (3.5) 式を (3.2) 式に代入して (3.7) 式を用いれば，

$$\frac{d}{dt}\boldsymbol{x}(t) = \frac{d}{dt}\left(\boldsymbol{e}^{\boldsymbol{A}t}\boldsymbol{x}_0\right) = \boldsymbol{A}\boldsymbol{e}^{\boldsymbol{A}t}\boldsymbol{x}_0 = \boldsymbol{A}\boldsymbol{x}(t) \tag{3.11}$$

だから，(3.5) 式は (3.2) 式の解になっていることが証明された．すなわち，同次方程式 (3.2) 式の解は (3.5) 式で与えられるのである．

次に入力に対する応答（特解）を定数変化法を用いて求める．再び状態方程式を書けば，

$$\dot{\boldsymbol{x}}(t) = \boldsymbol{A}\boldsymbol{x}(t) + \boldsymbol{b}u(t), \quad \boldsymbol{x}(0) = \boldsymbol{x}_0 \tag{3.1}$$

である．(3.1) 式の解を，

$$\boldsymbol{x}(t) = \boldsymbol{e}^{\boldsymbol{A}t}\left[\boldsymbol{x}(0) + \boldsymbol{z}(t)\right], \quad \boldsymbol{z}(0) = 0 \tag{3.12}$$

と仮定して (3.1) 式に代入すると，

$$\boldsymbol{A}\boldsymbol{e}^{\boldsymbol{A}t}\left[\boldsymbol{x}(0) + \boldsymbol{z}(t)\right] + \boldsymbol{e}^{\boldsymbol{A}t}\dot{\boldsymbol{z}}(t) = \boldsymbol{A}\boldsymbol{e}^{\boldsymbol{A}t}\left[\boldsymbol{x}(0) + \boldsymbol{z}(t)\right] + \boldsymbol{b}u(t) \tag{3.13}$$

であり，両辺を比較することにより，

$$\boldsymbol{e}^{\boldsymbol{A}t}\dot{\boldsymbol{z}}(t) = \boldsymbol{b}u(t) \tag{3.14}$$

を得る．したがって，

$$\dot{\boldsymbol{z}}(t) = \boldsymbol{e}^{-\boldsymbol{A}t}\boldsymbol{b}u(t) \tag{3.15}$$

であり，$\boldsymbol{z}(0) = 0$ を考慮して (3.15) 式を積分すると，

$$\boldsymbol{z}(t) = \int_0^t \boldsymbol{e}^{-\boldsymbol{A}\tau}\boldsymbol{b}u(\tau)d\tau \tag{3.16}$$

を得る．(3.16) 式が (3.1) 式の特解の一つである．したがって (3.16) 式を (3.12) 式に代入することにより，(3.1) 式の解として，

$$\begin{aligned}\boldsymbol{x}(t) &= \boldsymbol{e}^{\boldsymbol{A}t}\left[\boldsymbol{x}(0) + \int_0^t \boldsymbol{e}^{-\boldsymbol{A}\tau}\boldsymbol{b}u(\tau)d\tau\right] \\ &= \boldsymbol{e}^{\boldsymbol{A}t}\boldsymbol{x}(0) + \int_0^t \boldsymbol{e}^{\boldsymbol{A}(t-\tau)}\boldsymbol{b}u(\tau)d\tau\end{aligned} \tag{3.17}$$

が得られる．このとき，出力は次式で与えられる．

$$y(t) = \boldsymbol{c}^T\boldsymbol{e}^{\boldsymbol{A}t}\boldsymbol{x}(0) + \int_0^t \boldsymbol{c}^T\boldsymbol{e}^{\boldsymbol{A}(t-\tau)}\boldsymbol{b}u(\tau)d\tau \tag{3.18}$$

例題 3.2 $\boldsymbol{A} = \begin{bmatrix} 0 & 1 \\ 0 & 0 \end{bmatrix}$ のときの状態遷移行列 $\boldsymbol{e}^{\boldsymbol{A}t}$ を求めよ.

解答 (3.6) 式を用いる.

$$\boldsymbol{A}^2 = \begin{bmatrix} 0 & 1 \\ 0 & 0 \end{bmatrix}\begin{bmatrix} 0 & 1 \\ 0 & 0 \end{bmatrix} = \begin{bmatrix} 0 & 0 \\ 0 & 0 \end{bmatrix}$$

だから,

$$\boldsymbol{e}^{\boldsymbol{A}t} = \boldsymbol{I} + \boldsymbol{A}t = \begin{bmatrix} 1 & 0 \\ 0 & 1 \end{bmatrix} + \begin{bmatrix} 0 & t \\ 0 & 0 \end{bmatrix} = \begin{bmatrix} 1 & t \\ 0 & 1 \end{bmatrix}$$

例題 3.3 次のシステムの単位インパルス応答を求めよ.

$$\boldsymbol{A} = \begin{bmatrix} 0 & 1 \\ 0 & -3 \end{bmatrix}, \quad \boldsymbol{b} = \begin{bmatrix} 0 \\ 1 \end{bmatrix}, \quad \boldsymbol{c} = \begin{bmatrix} 1 \\ 0 \end{bmatrix}, \quad \boldsymbol{x}(0) = \begin{bmatrix} 0 \\ 0 \end{bmatrix}$$

解答 まず (3.6) 式を用いて状態遷移行列を求める.

$$\boldsymbol{A}^2 = \begin{bmatrix} 0 & 1 \\ 0 & -3 \end{bmatrix}\begin{bmatrix} 0 & 1 \\ 0 & -3 \end{bmatrix} = \begin{bmatrix} 0 & -3 \\ 0 & 9 \end{bmatrix}$$

$$\boldsymbol{A}^3 = \begin{bmatrix} 0 & -3 \\ 0 & 9 \end{bmatrix}\begin{bmatrix} 0 & 1 \\ 0 & -3 \end{bmatrix} = \begin{bmatrix} 0 & 9 \\ 0 & -27 \end{bmatrix}$$

$$\vdots$$

である. したがって,

$$\begin{aligned}
\boldsymbol{e}^{\boldsymbol{A}t} &= \boldsymbol{I} + \boldsymbol{A}t + \frac{1}{2!}\boldsymbol{A}^2 t^2 + \cdots + \frac{1}{k!}\boldsymbol{A}^k t^k + \cdots \\
&= \begin{bmatrix} 1 & 0 \\ 0 & 1 \end{bmatrix} + \begin{bmatrix} 0 & 1 \\ 0 & -3 \end{bmatrix} t + \frac{1}{2!}\begin{bmatrix} 0 & -3 \\ 0 & 9 \end{bmatrix} t^2 + \frac{1}{3!}\begin{bmatrix} 0 & 9 \\ 0 & -27 \end{bmatrix} t^3 + \cdots \\
&= \begin{bmatrix} 1 & t - \frac{3}{2!}t^2 + \frac{3^2}{3!}t^3 - \cdots \\ 0 & 1 - 3t + \frac{1}{2!}(3t)^2 - \frac{1}{3!}(3t)^3 + \cdots \end{bmatrix}
\end{aligned}$$

ここで

$$t - \frac{3}{2!}t^2 + \frac{3^2}{3!}t^3 - \cdots = \frac{1}{3}\left\{3t - \frac{1}{2!}(3t)^2 + \frac{1}{3!}(3t)^3 \cdots\right\} = \frac{1}{3}\left(1 - e^{-3t}\right)$$

$$1-3t+\frac{1}{2!}(3t)^2-\frac{1}{3!}(3t)^3+\cdots=e^{-3t}$$

だから状態遷移行列 $\boldsymbol{e}^{\boldsymbol{A}t}$ は,

$$\boldsymbol{e}^{\boldsymbol{A}t}=\begin{bmatrix}1 & \frac{1}{3}\left(1-e^{-3t}\right)\\ 0 & e^{-3t}\end{bmatrix}$$

である．次に，状態方程式の単位インパルス応答は $u(\tau)=\delta(\tau)$ として,

$$\begin{aligned}\boldsymbol{x}(t)&=\boldsymbol{e}^{\boldsymbol{A}t}\boldsymbol{x}(0)+\int_0^t \boldsymbol{e}^{\boldsymbol{A}(t-\tau)}\boldsymbol{b}u(\tau)\,d\tau\\ &=\begin{bmatrix}1 & \frac{1}{3}\left(1-e^{-3t}\right)\\ 0 & e^{-3t}\end{bmatrix}\begin{bmatrix}0\\0\end{bmatrix}+\int_0^t\begin{bmatrix}1 & \frac{1}{3}\left(1-e^{-3(t-\tau)}\right)\\ 0 & e^{-3(t-\tau)}\end{bmatrix}\begin{bmatrix}0\\1\end{bmatrix}\delta(\tau)\,d\tau\\ &=\int_0^t\begin{bmatrix}\frac{1}{3}\left(1-e^{-3(t-\tau)}\right)\\ e^{-3(t-\tau)}\end{bmatrix}\delta(\tau)\,d\tau\end{aligned}$$

である．ここでデルタ関数に関する公式,

$$\int_\alpha^\beta f(\tau)\,\delta(\tau-a)d\tau=f(a),\quad \alpha\le a\le\beta$$

を用いれば,

$$\int_0^t\frac{1}{3}\left(1-e^{-3(t-\tau)}\right)\delta(\tau)\,d\tau=\frac{1}{3}\left(1-e^{-3t}\right)$$

$$\int_0^t e^{-3(t-\tau)}\delta(\tau)\,d\tau=e^{-3t}$$

だから,

$$\boldsymbol{x}(t)=\begin{bmatrix}\frac{1}{3}\left(1-\boldsymbol{e}^{-3t}\right)\\ \boldsymbol{e}^{-3t}\end{bmatrix}$$

である．したがって,

$$y(t)=\boldsymbol{c}^T\boldsymbol{x}(t)=\frac{1}{3}\left(1-\boldsymbol{e}^{-3t}\right)$$

である．参考として Excel VBA による状態ベクトル (x_1, x_2) のインパルス応答を図 3-1 に示す．

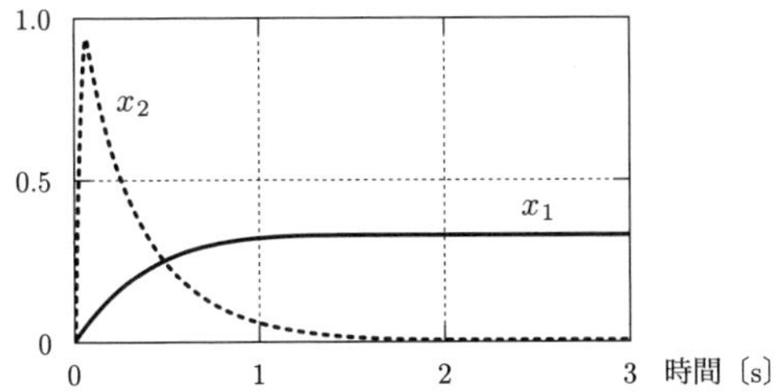

図 3-1　例題 3.3 の解

3.2　ラプラス変換による方法

再び (3.1) 式に戻って，(3.1) 式をラプラス変換すれば，

$$sX(s) - \boldsymbol{x}(o) = \boldsymbol{A}X(s) + \boldsymbol{b}U(s),\quad \boldsymbol{x}(0) = \boldsymbol{x}_0 \tag{3.19}$$

である．したがって，

$$X(s) = (s\boldsymbol{I} - \boldsymbol{A})^{-1}\boldsymbol{x}(0) + (s\boldsymbol{I} - \boldsymbol{A})^{-1}\boldsymbol{b}U(s) \tag{3.20}$$

である．したがって (3.20) 式をラプラス逆変換すれば状態方程式の解 $\boldsymbol{x}(t)$ を得ることができる．

$$\boldsymbol{x}(t) = \mathcal{L}^{-1}[(s\boldsymbol{I} - \boldsymbol{A})^{-1}\boldsymbol{x}(0) + (s\boldsymbol{I} - \boldsymbol{A})^{-1}\boldsymbol{b}U(s)] \tag{3.21}$$

ここで (3.21) 式と (3.17) 式を比較することにより，

$$\boldsymbol{e}^{\boldsymbol{A}t} = \mathcal{L}^{-1}[(s\boldsymbol{I} - \boldsymbol{A})^{-1}] \tag{3.22}$$

の関係があることがわかる．例題 3.3 で示したように状態遷移行列 $\boldsymbol{e}^{\boldsymbol{A}t}$ を (3.6) 式の定義式に戻って計算するのは一般にかなり煩雑であり，(3.22) 式によるほうが簡単な場合が多い．

例題 3.4　例題 3.2 についてラプラス変換法により状態遷移行列 $\boldsymbol{e}^{\boldsymbol{A}t}$ を求めよ.

解答　$\boldsymbol{A} = \begin{bmatrix} 0 & 1 \\ 0 & 0 \end{bmatrix}$ だから,

$$(s\boldsymbol{I} - \boldsymbol{A}) = \begin{bmatrix} s & -1 \\ 0 & s \end{bmatrix}$$

$$(s\boldsymbol{I} - \boldsymbol{A})^{-1} = \frac{1}{s^2}\begin{bmatrix} s & 1 \\ 0 & s \end{bmatrix} = \begin{bmatrix} \dfrac{1}{s} & \dfrac{1}{s^2} \\ 0 & \dfrac{1}{s} \end{bmatrix}$$

$$\boldsymbol{e}^{\boldsymbol{A}t} = \mathcal{L}^{-1}\begin{bmatrix} \dfrac{1}{s} & \dfrac{1}{s^2} \\ 0 & \dfrac{1}{s} \end{bmatrix} = \begin{bmatrix} 1 & t \\ 0 & 1 \end{bmatrix}$$

であり, 例題 3.2 の結果に等しい.

例題 3.5　例題 3.3 の問題をラプラス変換法で解け.

解答　$\boldsymbol{A} = \begin{bmatrix} 0 & 1 \\ 0 & -3 \end{bmatrix}$, $\boldsymbol{b} = \begin{bmatrix} 0 \\ 1 \end{bmatrix}$, $\boldsymbol{c} = \begin{bmatrix} 1 \\ 0 \end{bmatrix}$, $\boldsymbol{x}(0) = \begin{bmatrix} 0 \\ 0 \end{bmatrix}$ だから

$$(s\boldsymbol{I} - \boldsymbol{A}) = \begin{bmatrix} s & -1 \\ 0 & s+3 \end{bmatrix}$$

$$(s\boldsymbol{I} - \boldsymbol{A})^{-1} = \frac{1}{s(s+3)}\begin{bmatrix} s+3 & 1 \\ 0 & s \end{bmatrix} = \begin{bmatrix} \dfrac{1}{s} & \dfrac{1}{s(s+3)} \\ 0 & \dfrac{1}{s+3} \end{bmatrix}$$

$$\boldsymbol{e}^{\boldsymbol{A}t} = \mathcal{L}^{-1}\begin{bmatrix} \dfrac{1}{s} & \dfrac{1}{s(s+3)} \\ 0 & \dfrac{1}{s+3} \end{bmatrix} = \begin{bmatrix} 1 & \dfrac{1}{3}(1-e^{-3t}) \\ 0 & e^{-3t} \end{bmatrix}$$

である. この結果は例題 3.3 の結果に等しい. 次に状態方程式の単位インパルス応答を求める.

$$U(s) = \mathcal{L}[\delta(t)] = 1$$

だから，

$$\begin{aligned}
\boldsymbol{x}(t) &= \mathcal{L}^{-1}[(s\boldsymbol{I}-\boldsymbol{A})^{-1}\boldsymbol{x}(0) + (s\boldsymbol{I}-\boldsymbol{A})^{-1}\boldsymbol{b}U(s)] \\
&= \mathcal{L}^{-1}\left\{\begin{bmatrix} \dfrac{1}{s} & \dfrac{1}{s(s+3)} \\ 0 & \dfrac{1}{s+3} \end{bmatrix}\begin{bmatrix} 0 \\ 0 \end{bmatrix} + \begin{bmatrix} \dfrac{1}{s} & \dfrac{1}{s(s+3)} \\ 0 & \dfrac{1}{s+3} \end{bmatrix}\begin{bmatrix} 0 \\ 1 \end{bmatrix} 1\right\} \\
&= \mathcal{L}^{-1}\begin{bmatrix} \dfrac{1}{s(s+3)} \\ \dfrac{1}{s+3} \end{bmatrix} = \begin{bmatrix} \dfrac{1}{3}(1-e^{-3t}) \\ e^{-3t} \end{bmatrix} \\
y(t) &= \boldsymbol{c}^T\boldsymbol{x}(t) = \frac{1}{3}(1-\boldsymbol{e}^{-3t})
\end{aligned}$$

でありこの結果も例題 3.3 に等しい．

例題 3.6 次のシステム行列に対する状態遷移行列を求めよ．

$$\boldsymbol{A} = \begin{bmatrix} 0 & 1 \\ -2 & -3 \end{bmatrix}$$

解答 まず (3.6) 式による方法で考える．

$$\boldsymbol{A}^2 = \begin{bmatrix} -2 & -3 \\ 6 & 7 \end{bmatrix},\ \boldsymbol{A}^3 = \begin{bmatrix} 6 & 7 \\ -14 & -15 \end{bmatrix},\ \cdots$$

だから，

$$\begin{aligned}
\boldsymbol{e}^{\boldsymbol{A}t} &= \begin{bmatrix} 1 & 0 \\ 0 & 1 \end{bmatrix} + \begin{bmatrix} 0 & 1 \\ -2 & -3 \end{bmatrix} t + \frac{1}{2!}\begin{bmatrix} -2 & -3 \\ 6 & 7 \end{bmatrix} t^2 \\
&\quad + \frac{1}{3!}\begin{bmatrix} 6 & 7 \\ -14 & -15 \end{bmatrix} t^3 + \cdots
\end{aligned}$$

である．しかし，この方法では行列の規則性は見えても関数の型を推測することはなかなか難しい．そこでラプラス変換による方法で考えてみる．

$$
\begin{aligned}
\boldsymbol{e}^{\boldsymbol{A}t} &= \mathcal{L}^{-1}[(s\boldsymbol{I}-\boldsymbol{A})^{-1}] = \mathcal{L}^{-1}\left\{\begin{bmatrix} s & -1 \\ 2 & s+3 \end{bmatrix}^{-1}\right\} \\
&= \mathcal{L}^{-1}\left\{\frac{1}{s^2+3s+2}\begin{bmatrix} s+3 & 1 \\ -2 & s \end{bmatrix}\right\} \\
&= \mathcal{L}^{-1}\begin{bmatrix} \dfrac{s+3}{s^2+3s+2} & \dfrac{1}{s^2+3s+2} \\ -\dfrac{2}{s^2+3s+2} & \dfrac{s}{s^2+3s+2} \end{bmatrix} \\
&= \mathcal{L}^{-1}\begin{bmatrix} \dfrac{2}{s+1}-\dfrac{1}{s+2} & \dfrac{1}{s+1}-\dfrac{1}{s+2} \\ -\dfrac{2}{s+1}+\dfrac{2}{s+2} & -\dfrac{1}{s+1}+\dfrac{2}{s+2} \end{bmatrix} \\
&= \begin{bmatrix} 2e^{-t}-e^{-2t} & e^{-t}-e^{-2t} \\ -2e^{-t}+2e^{-2t} & -e^{-t}+2e^{-2t} \end{bmatrix}
\end{aligned}
$$

例題 3.7　次のシステムの単位ステップ応答を求めよ．

$$
\boldsymbol{A} = \begin{bmatrix} -1 & 0 \\ 1 & -2 \end{bmatrix},\ \boldsymbol{b} = \begin{bmatrix} 1 \\ 0 \end{bmatrix},\ \boldsymbol{c} = \begin{bmatrix} 0 \\ 1 \end{bmatrix},\ \boldsymbol{x}(0) = \begin{bmatrix} -1 \\ 1 \end{bmatrix}
$$

解答　ラプラス変換法により状態遷移行列を求める．

$$
\begin{aligned}
\boldsymbol{e}^{\boldsymbol{A}t} &= \mathcal{L}^{-1}\left[(s\boldsymbol{I}-\boldsymbol{A})^{-1}\right] = \mathcal{L}^{-1}\left\{\begin{bmatrix} s+1 & 0 \\ -1 & s+2 \end{bmatrix}^{-1}\right\} \\
&= \mathcal{L}^{-1}\left\{\frac{1}{(s+1)(s+2)}\begin{bmatrix} s+2 & 0 \\ 1 & s+1 \end{bmatrix}\right\} \\
&= \mathcal{L}^{-1}\begin{bmatrix} \dfrac{1}{s+1} & 0 \\ \dfrac{1}{(s+1)(s+2)} & \dfrac{1}{s+2} \end{bmatrix} = \begin{bmatrix} e^{-t} & 0 \\ e^{-t}-e^{-2t} & e^{-2t} \end{bmatrix}
\end{aligned}
$$

である．したがって，単位ステップ応答は $u(t)=1$ として，

$$
\begin{aligned}
\boldsymbol{x}(t) &= \boldsymbol{e}^{\boldsymbol{A}t}\boldsymbol{x}(0) + \int_0^t \boldsymbol{e}^{\boldsymbol{A}(t-\tau)}\boldsymbol{b}u(\tau)d\tau \\
&= \begin{bmatrix} e^{-t} & 0 \\ e^{-t} - e^{-2t} & e^{-2t} \end{bmatrix} \begin{bmatrix} -1 \\ 1 \end{bmatrix} \\
&\quad + \int_0^t \begin{bmatrix} e^{-(t-\tau)} & 0 \\ e^{-(t-\tau)} - e^{-2(t-\tau)} & e^{-2(t-\tau)} \end{bmatrix} \begin{bmatrix} 1 \\ 0 \end{bmatrix} u(\tau)d\tau \\
&= \begin{bmatrix} -e^{-t} \\ -e^{-t} + 2e^{-2t} \end{bmatrix} + \int_0^t \begin{bmatrix} e^{-(t-\tau)} \\ e^{-(t-\tau)} - e^{-2(t-\tau)} \end{bmatrix} d\tau \\
&= \begin{bmatrix} -e^{-t} \\ -e^{-t} + 2e^{-2t} \end{bmatrix} + \begin{bmatrix} e^{-t}\displaystyle\int_0^t e^{\tau}d\tau \\ e^{-t}\displaystyle\int_0^t e^{\tau}d\tau - e^{-2t}\displaystyle\int_0^t e^{2\tau}d\tau \end{bmatrix} \\
&= \begin{bmatrix} -e^{-t} \\ -e^{-t} + 2e^{-2t} \end{bmatrix} + \begin{bmatrix} 1 - e^{-t} \\ 1 - e^{-t} - \dfrac{1}{2}(1 - e^{-2t}) \end{bmatrix} \\
&= \begin{bmatrix} 1 - 2e^{-t} \\ \dfrac{1}{2} - 2e^{-t} + \dfrac{5}{2}e^{-2t} \end{bmatrix}
\end{aligned}
$$

である．したがって，

$$
y(t) = \boldsymbol{c}^T\boldsymbol{x}(t) = 0.5 - 2e^{-t} + 2.5e^{-2t}
$$

である．参考として状態変数 (x_1, x_2) のステップ応答を図 3-2 に示す．

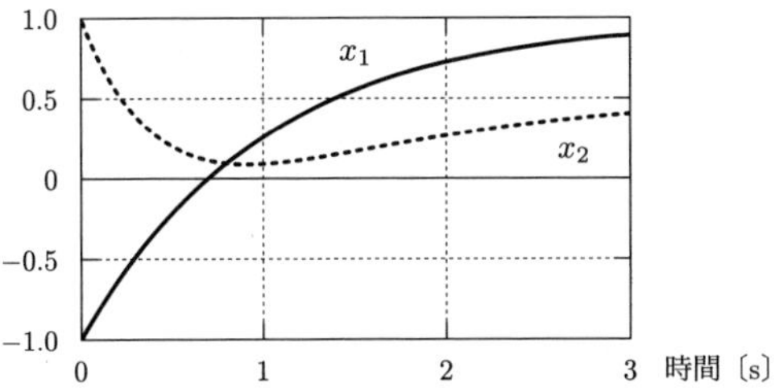

図 3-2　例題 3.7 の解

例題 3.8　例題 3.7 の問題をラプラス変換法で解け.

解答　$\boldsymbol{A} = \begin{bmatrix} -1 & 0 \\ 1 & -2 \end{bmatrix}$, $\boldsymbol{b} = \begin{bmatrix} 1 \\ 0 \end{bmatrix}$, $\boldsymbol{c} = \begin{bmatrix} 0 \\ 1 \end{bmatrix}$, $\boldsymbol{x}(0) = \begin{bmatrix} -1 \\ 1 \end{bmatrix}$ である．例題 3.7 と同様に

$$(s\boldsymbol{I} - \boldsymbol{A})^{-1} = \begin{bmatrix} \dfrac{1}{s+1} & 0 \\ \dfrac{1}{(s+1)(s+2)} & \dfrac{1}{s+2} \end{bmatrix}$$

だから，$U(s) = \dfrac{1}{s}$ として，

$$\begin{aligned} X(s) &= (s\boldsymbol{I} - \boldsymbol{A})^{-1}\boldsymbol{x}(0) + (s\boldsymbol{I} - \boldsymbol{A})^{-1}\boldsymbol{b}U(s) \\ &= \begin{bmatrix} \dfrac{1}{s+1} & 0 \\ \dfrac{1}{(s+1)(s+2)} & \dfrac{1}{s+2} \end{bmatrix} \begin{bmatrix} -1 \\ 1 \end{bmatrix} \\ &\quad + \begin{bmatrix} \dfrac{1}{s+1} & 0 \\ \dfrac{1}{(s+1)(s+2)} & \dfrac{1}{s+2} \end{bmatrix} \begin{bmatrix} 1 \\ 0 \end{bmatrix} \frac{1}{s} \\ &= \begin{bmatrix} \dfrac{1}{s(s+1)} - \dfrac{1}{s+1} \\ \dfrac{1}{s(s+1)(s+2)} - \dfrac{1}{(s+1)(s+2)} + \dfrac{1}{s+2} \end{bmatrix} \\ &= \begin{bmatrix} \dfrac{1}{s} - \dfrac{2}{s+1} \\ \dfrac{1}{2} \cdot \dfrac{1}{s} - \dfrac{2}{s+1} + \dfrac{5}{2} \cdot \dfrac{1}{s+2} \end{bmatrix} \end{aligned}$$

である．したがって，

$$\boldsymbol{x}(t) = \mathcal{L}^{-1}[X(s)] = \begin{bmatrix} 1 - 2\boldsymbol{e}^{-t} \\ \dfrac{1}{2} - 2\boldsymbol{e}^{-t} + \dfrac{5}{2}\boldsymbol{e}^{-2t} \end{bmatrix}$$

であり，

$$y(t) = \boldsymbol{c}^T\boldsymbol{x}(t) = 0.5 - 2\boldsymbol{e}^{-t} + 2.5\boldsymbol{e}^{-2t}$$

を得る．これは例題 3.7 の結果に等しい．

例題 3.9　次のシステムの状態変数の単位ステップ応答を求めよ.

$$\boldsymbol{A} = \begin{bmatrix} -1 & 1 & 0 \\ 0 & -1 & 0 \\ 0 & 0 & -2 \end{bmatrix}, \quad \boldsymbol{b} = \begin{bmatrix} 0 \\ 0 \\ 1 \end{bmatrix}, \quad \boldsymbol{x}_0 = \begin{bmatrix} 0 \\ 1 \\ 0 \end{bmatrix}$$

解答

$$(s\boldsymbol{I} - \boldsymbol{A}) = \begin{bmatrix} s+1 & -1 & 0 \\ 0 & s+1 & 0 \\ 0 & 0 & s+2 \end{bmatrix}$$

$$(s\boldsymbol{I} - \boldsymbol{A})^{-1} = \begin{bmatrix} \dfrac{1}{s+1} & \dfrac{1}{(s+1)^2} & 0 \\ 0 & \dfrac{1}{s+1} & 0 \\ 0 & 0 & \dfrac{1}{s+2} \end{bmatrix}$$

$$(s\boldsymbol{I} - \boldsymbol{A})^{-1}\boldsymbol{b}U(s) = \begin{bmatrix} \dfrac{1}{s+1} & \dfrac{1}{(s+1)^2} & 0 \\ 0 & \dfrac{1}{s+1} & 0 \\ 0 & 0 & \dfrac{1}{s+2} \end{bmatrix} \begin{bmatrix} 0 \\ 0 \\ 1 \end{bmatrix} \frac{1}{s} = \begin{bmatrix} 0 \\ 0 \\ \dfrac{1}{s(s+2)} \end{bmatrix}$$

だから，単位ステップ応答は次式となる．状態変数の応答を図 3-3 に示す．

$$\begin{aligned} \boldsymbol{x}(t) &= \mathcal{L}^{-1}\left[(s\boldsymbol{I} - \boldsymbol{A})^{-1}\right]\boldsymbol{x}_0 + \mathcal{L}^{-1}\left[(s\boldsymbol{I} - \boldsymbol{A})^{-1}\boldsymbol{b}U(s)\right] \\ &= \begin{bmatrix} e^{-t} & te^{-t} & 0 \\ 0 & e^{-t} & 0 \\ 0 & 0 & e^{-2t} \end{bmatrix} \begin{bmatrix} 0 \\ 1 \\ 0 \end{bmatrix} + \begin{bmatrix} 0 \\ 0 \\ \dfrac{1}{2}(1 - e^{-2t}) \end{bmatrix} = \begin{bmatrix} te^{-t} \\ e^{-t} \\ \dfrac{1}{2}(1 - e^{-2t}) \end{bmatrix} \end{aligned}$$

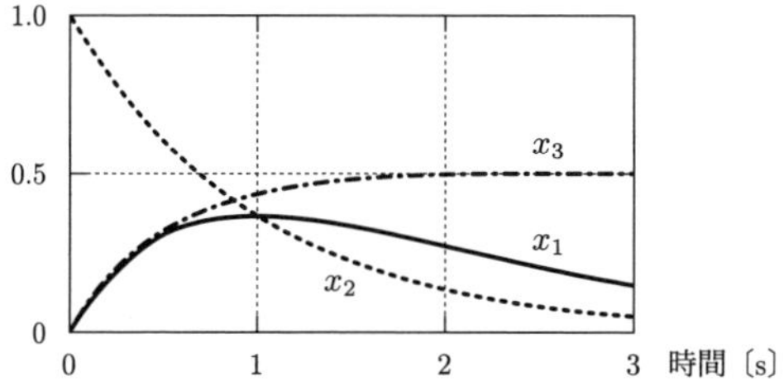

図 3-3　例題 3.9 の解

3.3　システム行列の対角化による方法

前節までに示したように，システム方程式の解を求めるためには状態遷移行列 $e^{\boldsymbol{A}t}$ を求めなければならない．しかし，(3.6) 式に示した $e^{\boldsymbol{A}t}$ の定義式に基づく計算法では，例題 3.6 で示したように，級数から元の関数形を推測することが難しいケースもあった．このような場合には 3.2 節で示したラプラス変換法で対処することができるが，これとは別に第 1 章で示した行列の対角化法に基づく方法もある．

例題 3.10　次のシステム行列 $\boldsymbol{A}$ に対する状態遷移行列 $e^{\boldsymbol{A}t}$ を求めよ．

(1) $\boldsymbol{A} = \begin{bmatrix} \lambda_1 & 0 \\ 0 & \lambda_2 \end{bmatrix}$, $\lambda_1 \neq \lambda_2$　　(2) $\boldsymbol{A} = \begin{bmatrix} \lambda & 1 \\ 0 & \lambda \end{bmatrix}$

解答　この例ではシステム行列 $\boldsymbol{A}$ が (1) は対角行列で，(2) はジョルダン標準形になっている．

(1) $\boldsymbol{A} = \begin{bmatrix} \lambda_1 & 0 \\ 0 & \lambda_2 \end{bmatrix}$, $\boldsymbol{A}^2 = \begin{bmatrix} \lambda_1^2 & 0 \\ 0 & \lambda_2^2 \end{bmatrix}$, $\boldsymbol{A}^3 = \begin{bmatrix} \lambda_1^3 & 0 \\ 0 & \lambda_2^3 \end{bmatrix}$, $\cdots$ である．したがって，

$$
\begin{aligned}
e^{\boldsymbol{A}t} &= \boldsymbol{I} + \boldsymbol{A}t + \frac{1}{2!}\boldsymbol{A}^2 t^2 + \frac{1}{3!}\boldsymbol{A}^3 t^3 + \cdots \\
&= \begin{bmatrix} 1 & 0 \\ 0 & 1 \end{bmatrix} + \begin{bmatrix} \lambda_1 & 0 \\ 0 & \lambda_2 \end{bmatrix} t + \frac{1}{2!}\begin{bmatrix} \lambda_1^2 & 0 \\ 0 & \lambda_2^2 \end{bmatrix} t^2 \\
&\quad + \frac{1}{3!}\begin{bmatrix} \lambda_1^3 & 0 \\ 0 & \lambda_2^3 \end{bmatrix} t^3 + \cdots \\
&= \begin{bmatrix} 1 + \lambda_1 t + \frac{1}{2!}\lambda_1^2 t^2 + \frac{1}{3!}\lambda_1^3 t^3 + \cdots & 0 \\ 0 & 1 + \lambda_2 t + \frac{1}{2!}\lambda_2^2 t^2 + \frac{1}{3!}\lambda_2^3 t^3 + \cdots \end{bmatrix} \\
&= \begin{bmatrix} e^{\lambda_1 t} & 0 \\ 0 & e^{\lambda_2 t} \end{bmatrix}
\end{aligned}
$$

(2) この場合 λ は重根であり,

$$\boldsymbol{A} = \begin{bmatrix} \lambda & 1 \\ 0 & \lambda \end{bmatrix},\ \boldsymbol{A}^2 = \begin{bmatrix} \lambda^2 & 2\lambda \\ 0 & \lambda^2 \end{bmatrix},\ \boldsymbol{A}^3 = \begin{bmatrix} \lambda^3 & 3\lambda^2 \\ 0 & \lambda^3 \end{bmatrix},\cdots$$

$$\begin{aligned} \boldsymbol{e}^{\boldsymbol{A}t} &= \begin{bmatrix} 1+\lambda t+\frac{1}{2!}\lambda^2t^2+\frac{1}{3!}\lambda^3t^3+\cdots & t+\frac{1}{2!}2\lambda t^2+\frac{1}{3!}3\lambda^2t^3+\cdots \\ 0 & 1+\lambda t+\frac{1}{2!}\lambda^2t^2+\frac{1}{3!}\lambda^3t^3+\cdots \end{bmatrix} \\ &= \begin{bmatrix} e^{\lambda t} & te^{\lambda t} \\ 0 & e^{\lambda t} \end{bmatrix} \end{aligned}$$

次にシステム行列 $\boldsymbol{A}$ が一般の行列の場合について考える．1.6 節で示したとおり，一般の行列 $\boldsymbol{A}$ は固有ベクトルからなる変換行列 $\boldsymbol{T}$ を用いて,

$$\boldsymbol{T}^{-1}\boldsymbol{A}\boldsymbol{T} = \boldsymbol{J} \tag{3.23}$$

と変形することができる．ここで行列 $\boldsymbol{J}$ は対角行列，あるいはジョルダン標準形である．ここで得られる行列 $\boldsymbol{J}$ について，$\boldsymbol{e}^{\boldsymbol{J}t}$ を求めれば，状態遷移行列 $\boldsymbol{e}^{\boldsymbol{A}t}$ は,

$$\boldsymbol{e}^{\boldsymbol{A}t} = \boldsymbol{T}\boldsymbol{e}^{\boldsymbol{J}t}\boldsymbol{T}^{-1} \tag{3.24}$$

例題 3.11　(3.24) 式を証明せよ．

解答　(3.23) 式から,

$$\boldsymbol{A} = \boldsymbol{T}\boldsymbol{J}\boldsymbol{T}^{-1} \tag{3.25}$$

である．(3.25) 式を $\boldsymbol{e}^{\boldsymbol{A}t}$ の定義式に代入すると,

$$\begin{aligned} \boldsymbol{e}^{\boldsymbol{A}t} &= \boldsymbol{I}+\boldsymbol{A}t+\frac{1}{2!}\boldsymbol{A}^2t^2+\frac{1}{3!}\boldsymbol{A}^3t^3+\cdots \\ &= \boldsymbol{I}+\boldsymbol{T}\boldsymbol{J}\boldsymbol{T}^{-1}t+\frac{1}{2!}\boldsymbol{T}\boldsymbol{J}\boldsymbol{T}^{-1}\boldsymbol{T}\boldsymbol{J}\boldsymbol{T}^{-1}t^2 \\ &\quad +\frac{1}{3!}\boldsymbol{T}\boldsymbol{J}\boldsymbol{T}^{-1}\boldsymbol{T}\boldsymbol{J}\boldsymbol{T}^{-1}\boldsymbol{T}\boldsymbol{J}\boldsymbol{T}^{-1}t^3+\cdots \\ &= \boldsymbol{T}(\boldsymbol{I}+\boldsymbol{J}t+\frac{1}{2!}\boldsymbol{J}^2t^2+\frac{1}{3!}\boldsymbol{J}^3t^3+\cdots)\boldsymbol{T}^{-1} = \boldsymbol{T}\boldsymbol{e}^{\boldsymbol{J}t}\boldsymbol{T}^{-1} \end{aligned} \tag{3.26}$$

である．なお，(3.26) 式で $\boldsymbol{I} = \boldsymbol{T}\boldsymbol{I}\boldsymbol{T}^{-1}$，$\boldsymbol{T}^{-1}\boldsymbol{T} = \boldsymbol{I}$ の変形を用いている．

例題 3.12　次のシステム行列の状態遷移行列を求めよ．

(1) $\boldsymbol{A} = \begin{bmatrix} 0 & 1 \\ 1 & 0 \end{bmatrix}$　　(2) $\boldsymbol{A} = \begin{bmatrix} 0 & 1 \\ -4 & -4 \end{bmatrix}$

解答

(1) この問題は例題 1.16 と同じであり，固有値は $\lambda = \pm 1$ だから

$$\boldsymbol{T} = \begin{bmatrix} 1 & -1 \\ 1 & 1 \end{bmatrix},\ \boldsymbol{T}^{-1}\boldsymbol{A}\boldsymbol{T} = \boldsymbol{J} = \begin{bmatrix} 1 & 0 \\ 0 & -1 \end{bmatrix}$$

である．ここで，

$$\boldsymbol{J}^2 = \begin{bmatrix} 1 & 0 \\ 0 & 1 \end{bmatrix},\ \boldsymbol{J}^3 = \begin{bmatrix} 1 & 0 \\ 0 & -1 \end{bmatrix},\ \cdots$$

だから，

$$\begin{aligned} e^{\boldsymbol{J}t} &= \boldsymbol{I} + \boldsymbol{J}t + \frac{1}{2!}\boldsymbol{J}^2 t^2 + \frac{1}{3!}\boldsymbol{J}^3 t^3 + \cdots \\ &= \boldsymbol{I} + \begin{bmatrix} 1 & 0 \\ 0 & -1 \end{bmatrix} t + \frac{1}{2!}\begin{bmatrix} 1 & 0 \\ 0 & 1 \end{bmatrix} t^2 + \frac{1}{3!}\begin{bmatrix} 1 & 0 \\ 0 & -1 \end{bmatrix} t^3 + \cdots \\ &= \begin{bmatrix} 1 + t + \frac{1}{2!}t^2 + \frac{1}{3!}t^3 + \cdots & 0 \\ 0 & 1 - t + \frac{1}{2!}t^2 - \frac{1}{3!}t^3 + \cdots \end{bmatrix} \\ &= \begin{bmatrix} e^t & 0 \\ 0 & e^{-t} \end{bmatrix} \end{aligned}$$

である．したがって，

$$\begin{aligned} e^{\boldsymbol{A}t} &= \boldsymbol{T}e^{\boldsymbol{J}t}\boldsymbol{T}^{-1} = \frac{1}{2}\begin{bmatrix} 1 & -1 \\ 1 & 1 \end{bmatrix}\begin{bmatrix} e^t & 0 \\ 0 & e^{-t} \end{bmatrix}\begin{bmatrix} 1 & 1 \\ -1 & 1 \end{bmatrix} \\ &= \frac{1}{2}\begin{bmatrix} e^t + e^{-t} & e^t - e^{-t} \\ e^t - e^{-t} & e^t + e^{-t} \end{bmatrix} \end{aligned}$$

(2) この問題は例題 1.19 と同じであり，固有値は $\lambda = -2$（重根）だから，

$$\boldsymbol{T} = \begin{bmatrix} 1 & 1 \\ -2 & -1 \end{bmatrix},\ \boldsymbol{T}^{-1}\boldsymbol{A}\boldsymbol{T} = \boldsymbol{J} = \begin{bmatrix} -2 & 1 \\ 0 & -2 \end{bmatrix}$$

である．ここで，

$$\boldsymbol{J}^2 = \begin{bmatrix} 4 & -4 \\ 0 & 4 \end{bmatrix},\ \boldsymbol{J}^3 = \begin{bmatrix} -8 & 12 \\ 0 & -8 \end{bmatrix}, \cdots$$

だから，

$$\begin{aligned}
\boldsymbol{e}^{\boldsymbol{J}t} &= \boldsymbol{I} + \boldsymbol{J}t + \frac{1}{2!}\boldsymbol{J}^2t^2 + \frac{1}{3!}\boldsymbol{J}^3t^3 + \cdots \\
&= \boldsymbol{I} + \begin{bmatrix} -2 & 1 \\ 0 & -2 \end{bmatrix} t + \frac{1}{2!}\begin{bmatrix} 4 & -4 \\ 0 & 4 \end{bmatrix} t^2 + \frac{1}{3!}\begin{bmatrix} -8 & 12 \\ 0 & -8 \end{bmatrix} t^3 + \cdots \\
&= \begin{bmatrix} 1 - 2t + \frac{1}{2!}4t^2 - \frac{1}{3!}8t^3 + \cdots & t - \frac{1}{2!}4t^2 + \frac{1}{3!}12t^3 - \cdots \\ 0 & 1 - 2t + \frac{1}{2!}4t^2 - \frac{1}{3!}8t^3 + \cdots \end{bmatrix} \\
&= \begin{bmatrix} e^{-2t} & te^{-2t} \\ 0 & e^{-2t} \end{bmatrix}
\end{aligned}$$

$$\begin{aligned}
\boldsymbol{e}^{\boldsymbol{A}t} = \boldsymbol{T}\boldsymbol{e}^{\boldsymbol{J}t}\boldsymbol{T}^{-1} &= \begin{bmatrix} 1 & 1 \\ -2 & -1 \end{bmatrix}\begin{bmatrix} e^{-2t} & te^{-2t} \\ 0 & e^{-2t} \end{bmatrix}\begin{bmatrix} -1 & -1 \\ 2 & 1 \end{bmatrix} \\
&= \begin{bmatrix} (1+2t)e^{-2t} & te^{-2t} \\ -4te^{-2t} & (1-2t)e^{-2t} \end{bmatrix}
\end{aligned}$$

例題 3.13　例題 3.6 の問題を対角化法により解け．

解答　$\boldsymbol{A} = \begin{bmatrix} 0 & 1 \\ -2 & -3 \end{bmatrix}$ で固有値は $\lambda = -1, -2$ だから，それぞれの固有値に対する固有ベクトルから，変換行列 $\boldsymbol{T}$ を，

$$\boldsymbol{T} = \begin{bmatrix} 1 & -1 \\ -1 & 2 \end{bmatrix}$$

として

$$\boldsymbol{T}^{-1}\boldsymbol{A}\boldsymbol{T} = \boldsymbol{J} = \begin{bmatrix} -1 & 0 \\ 0 & -2 \end{bmatrix}$$

である．固有値が対角要素に並んだ場合の状態遷移行列 $\boldsymbol{e}^{\boldsymbol{J}t}$ は例題 3.10 から，

$$\boldsymbol{e}^{\boldsymbol{J}t} = \begin{bmatrix} e^{-t} & 0 \\ 0 & e^{-2t} \end{bmatrix}$$

だから，

$$\boldsymbol{e}^{\boldsymbol{A}t} = \boldsymbol{T}\boldsymbol{e}^{\boldsymbol{J}t}\boldsymbol{T}^{-1} = \begin{bmatrix} 1 & -1 \\ -1 & 2 \end{bmatrix} \begin{bmatrix} e^{-t} & 0 \\ 0 & e^{-2t} \end{bmatrix} \begin{bmatrix} 2 & 1 \\ 1 & 1 \end{bmatrix}$$
$$= \begin{bmatrix} 2e^{-t} - e^{-2t} & e^{-t} - e^{-2t} \\ -2e^{-t} + 2e^{-2t} & -e^{-t} + 2e^{-2t} \end{bmatrix}$$

を得る．この結果はラプラス変換法による結果と一致している．

3.4　ケーリー・ハミルトンの定理による方法

遷移行列 $\boldsymbol{e}^{\boldsymbol{A}t}$ は (3.6) 式で与えられた．

$$\boldsymbol{e}^{\boldsymbol{A}t} = \boldsymbol{I} + \boldsymbol{A}t + \frac{1}{2!}\boldsymbol{A}^2t^2 + \frac{1}{3!}\boldsymbol{A}^3t^3 + \cdots \tag{3.6}$$

(3.6) 式は無限級数であるが，$n \times n$ 行列 $\boldsymbol{A}$ においてケーリー・ハミルトンの定理を用いると，

$$\begin{aligned} \boldsymbol{e}^{\boldsymbol{A}t} &= \alpha_0\boldsymbol{I} + \alpha_1\boldsymbol{A} + \alpha_2\boldsymbol{A}^2 + \cdots \alpha_{n-1}\boldsymbol{A}^{n-1} \\ &= \sum_{i=0}^{n-1} \alpha_i\boldsymbol{A}^i \end{aligned} \tag{3.27}$$

であり，有限個の項の和で表現することができる（証明は章末問題）．ここで (3.27) 式の係数 α_i は以下のように決定される．

行列 $\boldsymbol{A}$ の固有値を $\lambda_1, \lambda_2, \cdots, \lambda_j$ とし，それらの重複度を $\mu_1, \mu_2, \cdots, \mu_j$ とする．次に多項式 $f(\lambda)$ を，

$$f(\lambda) = \alpha_0 + \alpha_1\lambda + \cdots + \alpha_{n-1}\lambda^{n-1} \tag{3.28}$$

とし，$\alpha_0, \alpha_1, \cdots, \alpha_{n-1}$ について以下の連立方程式を定義する．

$$\left.\begin{aligned} e^{\lambda_i t} &= f(\lambda_i) \\ te^{\lambda_i t} &= f'(\lambda_i) \\ &\vdots \\ t^{\mu_i - 1}e^{\lambda_i t} &= f^{(\mu_i - 1)}(\lambda_i) \end{aligned}\right\}, \quad i = 1, 2, \cdots, j \tag{3.29}$$

ただし，(3.29) 式で，

$$f^{(k)}(\lambda_i) = \frac{d^k}{d\lambda^k} f(\lambda)|_{\lambda=\lambda_i} \tag{3.30}$$

である．このとき方程式 (3.29) 式の解が (3.28) 式の係数 α_i を与える．すなわち，

$$\boldsymbol{e}^{\boldsymbol{A}t} = f(\boldsymbol{A}) \tag{3.31}$$

である．

例題 3.14　次のシステム行列の状態遷移行列を求めよ．

$$\boldsymbol{A} = \begin{bmatrix} -1 & 1 & 0 \\ 0 & -1 & 0 \\ 0 & 0 & -2 \end{bmatrix}$$

解答　この問題は例題 3.9 と同じである．このシステム行列はジョルダン標準形になっており，固有値は $\lambda = -1$（重根）と $\lambda = -2$ である．したがって，

$$\lambda_1 = -1,\quad \mu_1 = 2$$
$$\lambda_2 = -2,\quad \mu_2 = 1$$

である．多項式 $f(\lambda)$ は，

$$f(\lambda) = \alpha_0 + \alpha_1\lambda + \alpha_2\lambda^2$$

であり，

$$\begin{aligned} e^{-t} &= f(-1) = \alpha_0 - \alpha_1 + \alpha_2 \\ te^{-t} &= f'(-1) = \alpha_1 - 2\alpha_2 \\ e^{-2t} &= f(-2) = \alpha_0 - 2\alpha_1 + 4\alpha_2 \end{aligned}$$

である．この連立方程式を解くと，

$$\alpha_0 = 2te^{-t} + e^{-2t}$$
$$\alpha_1 = -2e^{-t} + 3te^{-t} + 2e^{-2t}$$
$$\alpha_2 = -e^{-t} + te^{-t} + e^{-2t}$$

である．したがって，

$$
\begin{aligned}
e^{\boldsymbol{A}t} &= f(\boldsymbol{A}) = \alpha_0\boldsymbol{I} + \alpha_1\boldsymbol{A} + \alpha_2\boldsymbol{A}^2 \\
&= \alpha_0\boldsymbol{I} + \alpha_1\begin{bmatrix} -1 & 1 & 0 \\ 0 & -1 & 0 \\ 0 & 0 & -2 \end{bmatrix} \\
&\quad +\alpha_2\begin{bmatrix} -1 & 1 & 0 \\ 0 & -1 & 0 \\ 0 & 0 & -2 \end{bmatrix}\begin{bmatrix} -1 & 1 & 0 \\ 0 & -1 & 0 \\ 0 & 0 & -2 \end{bmatrix} \\
&= \alpha_0\boldsymbol{I} + \alpha_1\begin{bmatrix} -1 & 1 & 0 \\ 0 & -1 & 0 \\ 0 & 0 & -2 \end{bmatrix} + \alpha_2\begin{bmatrix} 1 & -2 & 0 \\ 0 & 1 & 0 \\ 0 & 0 & 4 \end{bmatrix} \\
&= \begin{bmatrix} \alpha_0 - \alpha_1 + \alpha_2 & \alpha_1 - 2\alpha_2 & 0 \\ 0 & \alpha_0 - \alpha_1 + \alpha_2 & 0 \\ 0 & 0 & \alpha_0 - 2\alpha_1 + 4\alpha_2 \end{bmatrix} \\
&= \begin{bmatrix} e^{-t} & te^{-t} & 0 \\ 0 & e^{-t} & 0 \\ 0 & 0 & e^{-2t} \end{bmatrix}
\end{aligned}
$$

であり，例題3.9の結果に一致している．

章末問題

1 次のシステム行列の状態遷移行列を $e^{\boldsymbol{A}t}$ の定義式に基づいて求めよ．ただし数列の形で t^3 項までとする．

$$\boldsymbol{A} = \begin{bmatrix} 0 & 1 & 1 \\ 1 & 0 & 1 \\ 1 & 1 & 0 \end{bmatrix}$$

2 問題 1 をラプラス変換法で解け．

3 問題 1 をシステム行列の対角化法により解け．

4 (3.27) 式を証明せよ．

5 問題 1 をケーリー・ハミルトンの定理を用いて解け．

第4章 システムの安定性と可制御性・可観測性

この章では，まずシステムにおける「安定」と「漸近安定」の概念を説明する．これらは，作製した装置が壊れるのかどうかを判定する道具としても利用することができ，制御システム設計には欠かせない概念である．次に，システム方程式からシステムの安定性を判定する手法を解説する．最後に，作製した装置に対して，設計者が望む動作をさせることのできるコントローラが設計できるかどうかを調べるときに役立つ概念である「可制御性」，「可観測性」を紹介する．

4.1 システムの安定性

作製した装置のシステム方程式が

$$\left.\begin{aligned} &\dot{\boldsymbol{x}}(t) = \boldsymbol{A}\boldsymbol{x}(t) + \boldsymbol{b}u(t), \quad u(t) = 0 \\ &y(t) = \boldsymbol{c}^T\boldsymbol{x}(t) \\ &\boldsymbol{A} \in R^{n\times n}, \quad \boldsymbol{b}, \boldsymbol{c} \in R^n \end{aligned}\right\} \tag{4.1}$$

で与えられる場合を考えよう．このシステムに関し，**原点**（$\boldsymbol{x}(t) = [0, \cdots, 0]^T$）の**安定性**は以下のように定義されている．

安定

システム $\dot{\boldsymbol{x}}(t) = \boldsymbol{A}\boldsymbol{x}(t)$ において，任意の時刻 $t \geq 0$ に対して $\boldsymbol{x}(t)^T\boldsymbol{x}(t) \leq r^2 < \infty$ となる正の定数 r が存在するとき，システムの原点（$\boldsymbol{x}(t) = [0, \cdots, 0]^T$）は**安定**である（図 4-1 を参照）．

漸近安定

システム $\dot{\boldsymbol{x}}(t) = \boldsymbol{A}\boldsymbol{x}(t)$ の原点（$\boldsymbol{x}(t) = [0, \cdots, 0]^T$）が安定であり，かつ，$\lim_{t\to\infty} \boldsymbol{x}(t)^T\boldsymbol{x}(t) = 0$ となるとき，システムの原点は**漸近安定**である（図 4-1 を参照）．

不安定

システムが安定でも漸近安定でもないとき，システムの原点（$\boldsymbol{x}(t) = [0, \cdots, 0]^T$）は**不安定**であるという．

上記の定義を二次システムを用いてわかりやすく説明しておく．

二次のシステムの場合，状態ベクトルは $\boldsymbol{x}(t) = [x_1(t), x_2(t)]^T$ と表現できる．システムの原点が安定とは，図 4-1（a）に示しているように，

$$\boldsymbol{x}(t)^T\boldsymbol{x}(t) = x_1(t)^2 + x_2(t)^2 \leq r^2 \tag{4.2}$$

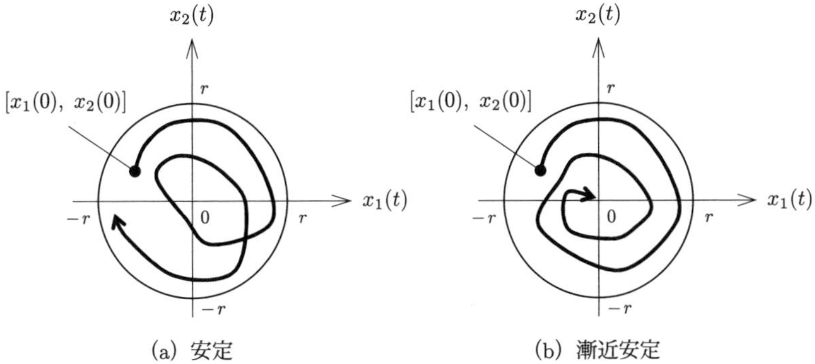

図 4-1 安定性の概念

を満足する有界な半径 r が存在することである．この場合，システムの状態ベクトル $\boldsymbol{x}(t)$ が，原点に収束すること（$\lim_{t\to\infty}\boldsymbol{x}(t)=[0,\,0]^T$）は保証されないが，無限に大きくならないことを保証している．

例えば，作製した装置の一部分 P を手で引っ張って離したとき，一部分 P が振動したとしても，その振動振幅が無限に大きくならないとき，装置は安定であるという．したがって，実際に起こりうる最大振幅より大きな枠組みの装置を作っておけば，作製した装置が壊れる心配がないように思われる．しかし，作製した装置が安定の場合，いくら時間がたっても手で引っ張った装置の一部分 P が元の位置（原点）に戻ることが保証されていないため，一部分 P が振動し続け，疲労破壊が生じたり，大きな振動音が発生するという問題が生じる．

システムの原点が漸近安定とは，図 4-1 (b) に示しているように，安定であり，かつ，

$$\lim_{t\to\infty}\boldsymbol{x}(t)^T\boldsymbol{x}(t)=\lim_{t\to\infty}\left(x_1(t)^2+x_2(t)^2\right)=0 \tag{4.3}$$

となることである．(4.3) 式は $\lim_{t\to\infty}\boldsymbol{x}(t)=[0,\,0]^T$ を意味している．例えば，作製した装置が漸近安定であれば，時間がたつにつれ，手で引っ張った装置の一部分 P が元の位置（原点）に戻ることが保証されることになる．

基本的には，漸近安定となるように装置を作ることが，壊れにくい装置を作るこつである．このとき，問題となるのが，「作製した装置が漸近安定なのかどうかをどのように判定すればよいのか？」ということである．次節にこの判定法を紹介しよう．

なお，以下ではまぎらわしい場合を除き，「システムの原点の安定性」や「原点は漸近安定である」のような表現を「システムの安定性」，「漸近安定である」と略記する．

4.2 漸近安定性の判定法

安定性の判別方法をわかりやすく説明するため，例として，次の三次システムを考えてみよう．

$$\left.\begin{aligned}&\dot{\boldsymbol{x}}(t)=\boldsymbol{A}\boldsymbol{x}(t)+\boldsymbol{b}u(t),\quad u(t)=0\\&y(t)=\boldsymbol{c}^T\boldsymbol{x}(t)\\&\boldsymbol{A}\in R^{3\times 3},\quad \boldsymbol{b},\boldsymbol{c}\in R^3\end{aligned}\right\}\tag{4.4}$$

システム行列 $\boldsymbol{A}$ が 3 行 3 列であるので，システム行列 $\boldsymbol{A}$ の固有値は 3 個存在する．この固有値を λ_i $(i=1,2,3)$ とする．すべての固有値が異なる場合，システム方程式の解 $\boldsymbol{x}(t)=[x_1(t),\,x_2(t),\,x_3(t)]^T$ は

$$\left.\begin{aligned}x_1(t)&=k_{11}e^{\lambda_1 t}+k_{12}e^{\lambda_2 t}+k_{13}e^{\lambda_3 t}\\x_2(t)&=k_{21}e^{\lambda_1 t}+k_{22}e^{\lambda_2 t}+k_{23}e^{\lambda_3 t}\\x_3(t)&=k_{31}e^{\lambda_1 t}+k_{32}e^{\lambda_2 t}+k_{33}e^{\lambda_3 t}\end{aligned}\right\}\tag{4.5}$$

の形で与えられる．(4.5) 式より，次のことがわかる．

1) 行列 $\boldsymbol{A}$ の固有値がすべて負の実数であれば，$x_i(t)$ $(i=1,2,3)$ はすべて零に収束する．この場合，システムは漸近安定である．
2) λ_i $(i=1,2)$ が負の実数であったとしても，$\lambda_3=0$ の場合には，各状態は $x_i(t)=k_{i3}$ $(i=1,2,3)$ に収束し，必ずしも零には収束しない．しかし，各状態変数の値が無限大に大きくなることはない．この場合，システムは安定である．
3) λ_i $(i=1,2)$ が負の実数であったとしても，$\lambda_3>0$ の場合には，各状態変数は無限大に発散することがわかる．この場合，システムは不安定である．

以上に示したように，システムの安定性はシステム行列 $\boldsymbol{A}$ の固有値に強く関係していることがわかる．以下に，まず，このシステム行列 $\boldsymbol{A}$ の固有値を用いた安定判別法を説明する．次に，システム行列 $\boldsymbol{A}$ の固有値が簡単に計算できない場合の簡便な安定判別法を紹介する．

〔1〕固有値を用いた判別法

次のシステム

$$\left.\begin{aligned}&\dot{\boldsymbol{x}}(t) = \boldsymbol{A}\boldsymbol{x}(t) + \boldsymbol{b}u(t),\quad u(t) = 0\\&y(t) = \boldsymbol{c}^T\boldsymbol{x}(t)\\&\boldsymbol{A} \in R^{n\times n},\quad \boldsymbol{b}, \boldsymbol{c} \in R^n\end{aligned}\right\} \tag{4.6}$$

において，システムの原点（$\boldsymbol{x}(t) = [0, \cdots, 0]^T$）の安定性はシステム行列 $\boldsymbol{A}$ の固有値（以下，**システムの固有値**と呼ぶ）の存在領域によって決まる．すなわち以下のとおりである．

安定

システムの原点が安定となるための必要十分条件は，すべてのシステムの固有値の実数部 $\mathrm{R_e}[\lambda_i]$（$i = 1, \cdots, n$）が零以下であり，かつ，実数部が零となる固有値が一つの実固有値かあるいは一対の共役複素固有値だけである．

漸近安定

システムの原点が漸近安定であるための必要十分条件は，すべてのシステムの固有値の実数部 $\mathrm{R_e}[\lambda_i]$（$i = 1, \cdots, n$）が零より小さいことである．

不安定

システムの固有値の実数部 $\mathrm{R_e}[\lambda_i]$（$i = 1, \cdots, n$）が一つでも零より大きいか，実数部が零となる二つ以上の実固有値が存在するか，あるいは，実数部が零となる二対以上の共役複素固有値が存在するとき，システムの原点は不安定である．

上述の安定判別法は，システムに入力が存在しない場合（$u(t) = 0$）のシステムの安定性を判定するための手法である．システムに零でない入力が存在する場合を考えてみよう．

$$\left.\begin{aligned} &\dot{\boldsymbol{x}}(t) = \boldsymbol{A}\boldsymbol{x}(t) + \boldsymbol{b}u(t), \quad u(t) \neq 0 \\ &y(t) = \boldsymbol{c}^T\boldsymbol{x}(t) \\ &\boldsymbol{A} \in R^{n\times n}, \quad \boldsymbol{b}, \boldsymbol{c} \in R^n \end{aligned}\right\} \tag{4.7}$$

システム (4.7) 式の場合，システム行列 $\boldsymbol{A}$ の固有値のすべての実数部が負であっても，状態ベクトル $\boldsymbol{x}(t)$ の原点（$\boldsymbol{x}(t) = [0, \cdots, 0]^T$）への収束性は保証されないことに注意する必要がある．しかしながら，入力が零の場合のシステムが漸近安定であれば，有界な入力 $u(t)$ がシステムに存在したとしても状態ベクトル $\boldsymbol{x}(t)$ の各要素が有界となることが知られている．

入力が零の場合のシステムが漸近安定で，かつ，入力が一定値 $u(t) = d$（d: 定数）の場合，システム (4.7) 式は新しい状態 $\boldsymbol{z}(t) = \boldsymbol{x}(t) + \boldsymbol{A}^{-1}\boldsymbol{b}d$ を用いて

$$\dot{\boldsymbol{z}}(t) = \boldsymbol{A}\boldsymbol{z}(t) \tag{4.8}$$

と表現される．システム (4.8) 式の原点（$\boldsymbol{z}(t) = [0, \cdots, 0]^T$）は漸近安定である．すなわち，システム (4.7) 式において，入力が零の場合のシステムが漸近安定で，かつ，入力が一定値 $u(t) = d$（d: 定数）の場合，システム (4.7) 式の平衡状態 $\boldsymbol{x}(t) = -\boldsymbol{A}^{-1}\boldsymbol{b}d$ への漸近安定性が保証されることになる．

上述のシステムの安定判別法を，以下に例題 4.1 〜 4.5 を用いてわかりやすく解説する．

例題 4.1 次のシステムの安定性をチェックしてみよう．

$$\left.\begin{aligned} &\dot{\boldsymbol{x}}(t) = \begin{bmatrix} 0 & 1 \\ -1 & -2 \end{bmatrix} \boldsymbol{x}(t) \\ &y(t) = [1, 0]\, \boldsymbol{x}(t) \end{aligned}\right\} \tag{4.9}$$

解答 システムの固有方程式が $\det[sI - \boldsymbol{A}] = s^2 + 2s + 1 = (s+1)^2 = 0$ なので，システムの固有値は $\lambda_1 = -1$，$\lambda_2 = -1$ となる．二つの固有値の実数部が負なので，このシステムは漸近安定である．

例題 4.2　次のシステムの安定性をチェックしてみよう．

$$\left.\begin{aligned} \dot{\boldsymbol{x}}(t) &= \begin{bmatrix} 0 & 1 \\ 0 & -1 \end{bmatrix} \boldsymbol{x}(t) \\ y(t) &= [1, 0]\, \boldsymbol{x}(t) \end{aligned}\right\} \tag{4.10}$$

解答　システムの固有方程式が $\det[sI - \boldsymbol{A}] = s^2 + s = s(s+1) = 0$ なので，システムの固有値は $\lambda_1 = 0$，$\lambda_2 = -1$ となる．一つの固有値の実数部は負であるが，もう一つの固有値が零なので，このシステムは安定である．

例題 4.3　次のシステムの安定性をチェックしてみよう．

$$\left.\begin{aligned} \dot{\boldsymbol{x}}(t) &= \begin{bmatrix} 0 & 1 \\ -2 & -2 \end{bmatrix} \boldsymbol{x}(t) \\ y(t) &= [1, 0]\, \boldsymbol{x}(t) \end{aligned}\right\} \tag{4.11}$$

解答　システムの固有方程式が $\det[sI - \boldsymbol{A}] = s^2 + 2s + 2 = 0$ なので，システムの固有値は，$\lambda_1 = -1 + j$，$\lambda_2 = -1 - j$ となる．二つの固有値の実数部が負なので，このシステムは漸近安定である．

例題 4.4　次のシステムの安定性をチェックしてみよう．

$$\left.\begin{aligned} \dot{\boldsymbol{x}}(t) &= \begin{bmatrix} 0 & 1 \\ 0 & 0 \end{bmatrix} \boldsymbol{x}(t) \\ y(t) &= [1, 0]\, \boldsymbol{x}(t) \end{aligned}\right\} \tag{4.12}$$

解答　システムの固有方程式が $\det[sI - \boldsymbol{A}] = s^2 = 0$ なので，システムの固有値は $\lambda_1 = 0$，$\lambda_2 = 0$ となる．二つの固有値の実数部が零なので，このシステムは不安定である．

例題 4.5　次のシステムの安定性をチェックしてみよう．

$$\left.\begin{aligned} \dot{\boldsymbol{x}}(t) &= \begin{bmatrix} 0 & 1 \\ -1 & 0 \end{bmatrix} \boldsymbol{x}(t) \\ y(t) &= [1, 0]\, \boldsymbol{x}(t) \end{aligned}\right\} \tag{4.13}$$

解答　システムの固有方程式が $\det[sI - \boldsymbol{A}] = s^2 + 1 = 0$ なので，システムの固有値は，$\lambda_1 = 0 - j$，$\lambda_2 = 0 + j$ となる．一対の共役複素固有値の実数部が零なので，このシステムは安定である．

〔2〕 フルヴィッツの判別法

前項で固有値の実数部の符号を用いたシステムの安定判別法を紹介した．しかし，システムの次数が三次以上の場合には，システムの固有値を手計算で求めるのはほとんど不可能である．このような場合にでも，簡単にシステムの安定性を判別する手法がいくつかある．ここでは，その一つとしてよく知られている**フルヴィッツの安定判別法**を紹介しておく．

フルヴィッツの判別法は，システムの固有方程式の係数を用いてシステムの漸近安定性を判定する手法である．

フルヴィッツの安定判別法

❒ 二次システムの場合

固有方程式：$s^2 + a_1 s + a_2 = 0$

$$a_1 > 0,\ a_2 > 0 \quad \Leftrightarrow \quad \text{漸近安定}$$

❒ 三次システムの場合

固有方程式：$s^3 + a_1 s^2 + a_2 s + a_3 = 0$

$$\left.\begin{aligned} & a_i > 0,\ i = 1, 2, 3 \\ & \det \begin{bmatrix} a_1 & a_3 \\ 1 & a_2 \end{bmatrix} > 0 \end{aligned}\right\} \quad \Leftrightarrow \quad \text{漸近安定}$$

❐ 四次システムの場合

固有方程式：$s^4 + a_1 s^3 + a_2 s^2 + a_3 s + a_4 = 0$

$$\left.\begin{array}{l} a_i > 0,\ \ i = 1, \cdots, 4 \\ \det\begin{bmatrix} a_1 & a_3 \\ 1 & a_2 \end{bmatrix} > 0,\ \ \det\begin{bmatrix} a_1 & a_3 & 0 \\ 1 & a_2 & a_4 \\ 0 & a_1 & a_3 \end{bmatrix} > 0 \end{array}\right\} \quad \Leftrightarrow \quad \text{漸近安定}$$

なお，四次システムまでの判定法しか示していないが，n 次システムに対しても安定性を判定できる．ここでは割愛するが, 他の文献を参照されたい．

以下に，フルヴィッツの安定判別法を用いた例題 4.6 〜 4.8 を示しておく．

例題 4.6　次のシステムの安定性をチェックしてみよう．

$$\left.\begin{array}{l} \dot{\boldsymbol{x}}(t) = \begin{bmatrix} 0 & 1 \\ -1 & -1 \end{bmatrix} \boldsymbol{x}(t) \\ y(t) = [1, 0]\, \boldsymbol{x}(t) \end{array}\right\} \tag{4.14}$$

解答　システムの固有方程式は $\det[sI - \boldsymbol{A}] = s^2 + s + 1 = 0$ である．固有方程式の係数がすべて正なので，システムは漸近安定である．確認のためにシステムの固有値を求めてみれば，$-\dfrac{1}{2} + \dfrac{\sqrt{3}}{2}j$，$-\dfrac{1}{2} - \dfrac{\sqrt{3}}{2}j$ となる．明らかに漸近安定である．

例題 4.7　次のシステムの安定性をチェックしてみよう．

$$\left.\begin{array}{l} \dot{\boldsymbol{x}}(t) = \begin{bmatrix} 0 & 1 & 0 \\ 0 & 0 & 1 \\ -1 & -1 & -1 \end{bmatrix} \boldsymbol{x}(t) \\ y(t) = [1, 0, 0]\, \boldsymbol{x}(t) \end{array}\right\} \tag{4.15}$$

解答　システムの固有方程式は $\det[sI-\boldsymbol{A}]=s^3+s^2+s+1=0$ である．固有方程式の係数がすべて正である．しかし，次の行列の行列式

$$\det\begin{bmatrix}1 & 1\\ 1 & 1\end{bmatrix}=0 \tag{4.16}$$

が零であることより，システムは漸近安定ではない．

例題 4.8　次のシステムにおいて，システムが漸近安定となる a と k の存在範囲を図示してみよう．

$$\left.\begin{aligned}\dot{\boldsymbol{x}}(t)&=\begin{bmatrix}0 & 1 & 0\\ 0 & 0 & 1\\ -1 & -(a-1) & -(k-1)\end{bmatrix}\boldsymbol{x}(t)\\ y(t)&=[1,0,0]\,\boldsymbol{x}(t)\end{aligned}\right\} \tag{4.17}$$

解答　システムの固有方程式は $\det[sI-\boldsymbol{A}]=s^3+(k-1)s^2+(a-1)s+1=0$ である．システムが漸近安定となるための必要十分条件は

$$\left.\begin{aligned}&k>1,\ \ a>1\\ &\det\begin{bmatrix}k-1 & 1\\ 1 & a-1\end{bmatrix}=(k-1)(a-1)-1>0\end{aligned}\right\} \tag{4.18}$$

である．(4.18) 式の領域を図示すれば，図 4-2 の網掛け部となる．

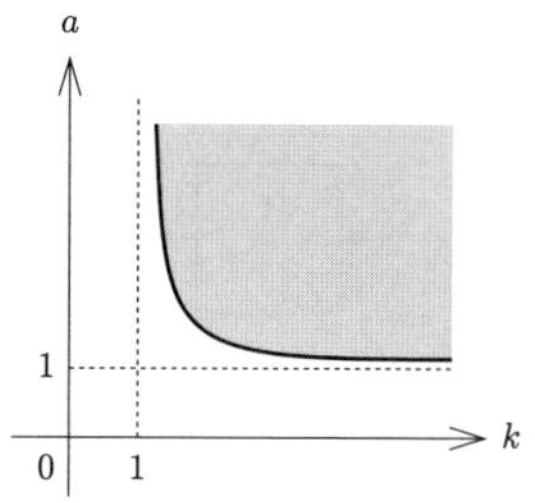

図 4-2　漸近安定領域

4.3　可制御とは？ 可観測とは？

可制御性・可観測性の概念をわかりやすく説明するために，次式のシステム方程式を用いて表現されるシステムを考えてみよう．

$$\left.\begin{aligned}\dot{\boldsymbol{x}}(t) &= \begin{bmatrix} 1 & 0 \\ 0 & 0 \end{bmatrix}\boldsymbol{x}(t) + \begin{bmatrix} 0 \\ 1 \end{bmatrix}u(t) \\ y(t) &= [1, 0]\,\boldsymbol{x}(t),\ \ \boldsymbol{x}^T(t) = [x_1(t),\, x_2(t)]\end{aligned}\right\} \tag{4.19}$$

このシステムを状態ベクトルの要素 $x_1(t)$，$x_2(t)$ を用いて表現し直せば

$$\left.\begin{aligned}\dot{x}_1(t) &= x_1(t) \\ \dot{x}_2(t) &= u(t) \\ y(t) &= x_1(t)\end{aligned}\right\} \tag{4.20}$$

となる（図 4-3 を参照）．関係式 (4.20) 式ならびに図 4-3 より，次のことがわかる．

1）入力 $u(t)$ は状態変数 $x_1(t)$ に何も影響を与えることができない．このため，入力 $u(t)$ を用いて状態変数 $x_1(t)$ を制御することができない．

2）計測されている出力 $y(t)$ からは状態変数 $x_1(t)$ の情報しか得られない．このため，いくら出力 $y(t)$ を計測しても，状態変数 $x_2(t)$ がどのようになっているのかを知ることができない．

制御対象をシステム方程式を用いて表現した場合，上述のように制御できない部分システムが存在する場合がある．このとき，システムは**可制御**でないという．

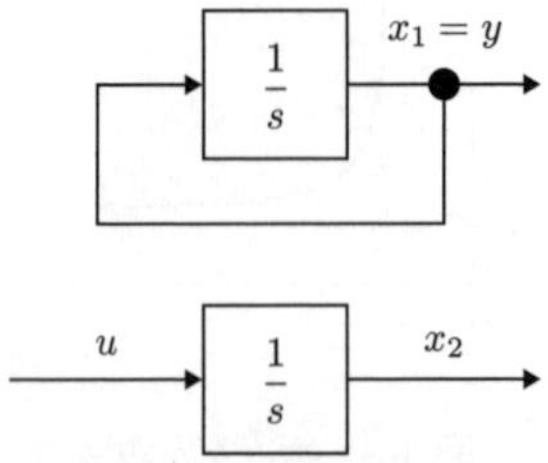

図 4-3　システムのブロック線図

また，計測器などを用いて計測している情報からは内部の状態変数がどのようになっているかわからない場合が存在する．このとき，システムは**可観測**でないという．システムが可制御でない場合や，可観測でない場合には，いくらがんばって良いコントローラを設計しようとしても，システムを思いどおりに動かすのは困難である．

(4.19) 式のシステム方程式のように簡単に可制御かどうか（可観測かどうか）が判断できる場合はよいが，複雑なシステム方程式表現においては可制御かどうか（可観測かどうか）を簡単に判断できない場合がある．このような場合の解決法を次節に示す．

4.4　可制御性と可観測性のチェック法

複雑なシステム方程式表現を用いたシステムに対しても可制御かどうか（可観測かどうか）を判断するために，システム

$$\left.\begin{aligned} &\dot{\boldsymbol{x}}(t) = \boldsymbol{A}\boldsymbol{x}(t) + \boldsymbol{b}u(t) \\ &y(t) = \boldsymbol{c}^T\boldsymbol{x}(t) \\ &\boldsymbol{A} \in R^{n\times n},\ \ \boldsymbol{b}, \boldsymbol{c} \in R^n \end{aligned}\right\} \tag{4.21}$$

に対し，以下に示す手法が開発されている．なお，$y(t)$ は計測器を用いて計測されている信号である．システムが可制御かつ可観測であれば，システム (4.19) 式，(4.20) 式で示したような問題は発生せず，設計者が思いどおりに動かすことのできるコントローラを設計することができる．

〔1〕可制御性のチェック法

システム (4.21) 式が可制御かどうかを判定するには，**可制御性行列**

$$\boldsymbol{U}_c = [\boldsymbol{b},\ \boldsymbol{A}\boldsymbol{b},\ \cdots,\ \boldsymbol{A}^{n-1}\boldsymbol{b}] \tag{4.22}$$

の行列式の値をチェックすればよい．

可制御性のチェック

$$\det[\boldsymbol{U}_c] \neq 0 \quad \Leftrightarrow \quad \text{可制御である}$$

$$\det[\boldsymbol{U}_c] = 0 \quad \Leftrightarrow \quad \text{可制御ではない}$$

$\det[\boldsymbol{U}_c] = 0$ の場合には，システム (4.21) 式は可制御ではないため，制御できない部分システムが存在することになる．

例題 4.9　次の二次システムの可制御性をチェックしてみよう．

$$\left.\begin{aligned} \dot{\boldsymbol{x}}(t) &= \boldsymbol{A}\boldsymbol{x}(t) + \boldsymbol{b}u(t) \\ \boldsymbol{A} &= \begin{bmatrix} 2 & 1 \\ 0 & -2 \end{bmatrix}, \quad \boldsymbol{b} = \begin{bmatrix} 0 \\ 1 \end{bmatrix} \end{aligned}\right\} \tag{4.23}$$

解答　可制御性行列は

$$\boldsymbol{U}_c = [\boldsymbol{b},\, \boldsymbol{A}\boldsymbol{b}] = \begin{bmatrix} 0 & 1 \\ 1 & -2 \end{bmatrix} \tag{4.24}$$

となる．可制御性行列の行列式は

$$\det[\boldsymbol{U}_c] = -1 \neq 0 \tag{4.25}$$

となるので，システム (4.23) 式は可制御である．

例題 4.10　次の三次システムの可制御性をチェックしてみよう．

$$\left.\begin{aligned} \dot{\boldsymbol{x}}(t) &= \boldsymbol{A}\boldsymbol{x}(t) + \boldsymbol{b}u(t) \\ \boldsymbol{A} &= \begin{bmatrix} 0 & 1 & 0 \\ 0 & 0 & 1 \\ 0 & -2 & -1 \end{bmatrix}, \quad \boldsymbol{b} = \begin{bmatrix} 0 \\ -1 \\ 1 \end{bmatrix} \end{aligned}\right\} \tag{4.26}$$

解答　可制御性行列は

$$\boldsymbol{U}_c = [\boldsymbol{b},\, \boldsymbol{A}\boldsymbol{b},\, \boldsymbol{A}^2\boldsymbol{b}] = \begin{bmatrix} 0 & -1 & 1 \\ -1 & 1 & 1 \\ 1 & 1 & -3 \end{bmatrix} \tag{4.27}$$

となる．可制御性行列の行列式は

$$\det[\boldsymbol{U}_c] = 0 \tag{4.28}$$

となるので，システム (4.26) 式は可制御ではない．

例題 4.11 図 4-3 に示したシステムが可制御となるように改良する方法を一つ提案せよ．

解答 いろいろな考え方があるが，一番簡単な手法を示しておこう．すなわち，アクチュエータの力（入力 $u(t)$）が図 4-3 の上部のシステムにも伝わるように，図 4-4 に示す構成に変える方法がある．この方法により，図 4-3 のシステムを可制御にすることができる．

確認のため，状態ベクトル $\boldsymbol{x}(t) = [x_1(t), x_2(t)]^T$ を用いて図 4-4 のシステム方程式を求めれば，

$$\left.\begin{aligned}
&\dot{\boldsymbol{x}}(t) = \boldsymbol{A}\boldsymbol{x}(t) + \boldsymbol{b}u(t)\\
&y(t) = \boldsymbol{c}^T\boldsymbol{x}(t)\\
&\boldsymbol{A} = \begin{bmatrix} 1 & 0 \\ 0 & 0 \end{bmatrix},\ \boldsymbol{b} = \begin{bmatrix} 1 \\ 1 \end{bmatrix},\ \boldsymbol{c} = \begin{bmatrix} 1 \\ 0 \end{bmatrix}
\end{aligned}\right\} \tag{4.29}$$

となる．可制御性行列は

$$\boldsymbol{U}_c = [\boldsymbol{b}, \boldsymbol{A}\boldsymbol{b}] = \begin{bmatrix} 1 & 1 \\ 1 & 0 \end{bmatrix} \tag{4.30}$$

となり，その行列式は $\det[\boldsymbol{U}_c] = -1$ となる．明らかに可制御である．

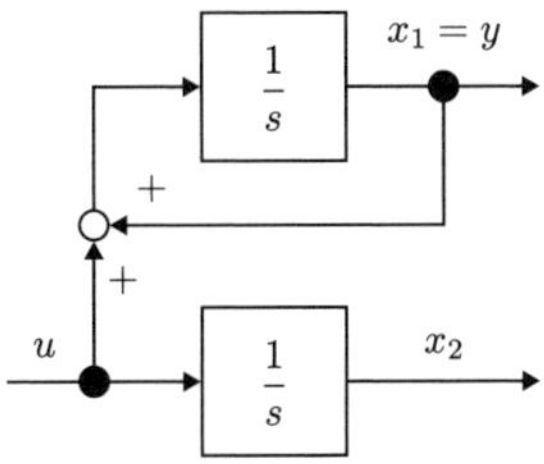

図 4-4 改良したシステムのブロック線図

〔2〕可観測性のチェック法

システム (4.21) 式が可観測かどうかを判定するには，**可観測性行列**

$$\boldsymbol{U}_o = \begin{bmatrix} \boldsymbol{c}^T \\ \boldsymbol{c}^T \boldsymbol{A} \\ \vdots \\ \boldsymbol{c}^T \boldsymbol{A}^{n-1} \end{bmatrix} \tag{4.31}$$

の行列式の値をチェックすればよい．

可観測性のチェック

$\det[\boldsymbol{U}_o] \neq 0 \quad \Leftrightarrow \quad$ 可観測である

$\det[\boldsymbol{U}_o] = 0 \quad \Leftrightarrow \quad$ 可観測ではない

例題 4.12　次の二次システムの可観測性をチェックしてみよう．

$$\left.\begin{array}{l} \dot{\boldsymbol{x}}(t) = \boldsymbol{A}\boldsymbol{x}(t) + \boldsymbol{b}u(t) \\ y(t) = \boldsymbol{c}^T \boldsymbol{x}(t) \\ \boldsymbol{A} = \begin{bmatrix} 2 & 1 \\ 0 & -2 \end{bmatrix}, \quad \boldsymbol{b} = \begin{bmatrix} 0 \\ 1 \end{bmatrix} \\ \boldsymbol{c}^T = [0, 1] \end{array}\right\} \tag{4.32}$$

解答　可観測性行列は

$$\boldsymbol{U}_o = \begin{bmatrix} \boldsymbol{c}^T \\ \boldsymbol{c}^T \boldsymbol{A} \end{bmatrix} = \begin{bmatrix} 0 & 1 \\ 0 & -2 \end{bmatrix} \tag{4.33}$$

となる．可観測性行列の行列式は

$$\det[\boldsymbol{U}_o] = 0 \tag{4.34}$$

となるので，システム (4.32) 式は可観測ではない．

例題 4.13　次の三次システムの可観測性をチェックしてみよう．

$$\left.\begin{aligned} &\dot{\boldsymbol{x}}(t) = \boldsymbol{A}\boldsymbol{x}(t) + \boldsymbol{b}u(t) \\ &y(t) = \boldsymbol{c}^T\boldsymbol{x}(t) \\ &\boldsymbol{A} = \begin{bmatrix} 0 & 1 & 0 \\ 0 & 0 & 1 \\ 0 & -2 & -2 \end{bmatrix}, \quad \boldsymbol{b} = \begin{bmatrix} 0 \\ 0 \\ 1 \end{bmatrix} \\ &\boldsymbol{c}^T = [1, 1, 0] \end{aligned}\right\} \tag{4.35}$$

解答　可観測性行列は

$$\boldsymbol{U}_o = \begin{bmatrix} \boldsymbol{c}^T \\ \boldsymbol{c}^T\boldsymbol{A} \\ \boldsymbol{c}^T\boldsymbol{A}^2 \end{bmatrix} = \begin{bmatrix} 1 & 1 & 0 \\ 0 & 1 & 1 \\ 0 & -2 & -1 \end{bmatrix} \tag{4.36}$$

となる．可観測性行列の行列式は

$$\det[\boldsymbol{U}_o] = 1 \tag{4.37}$$

となるので，システム (4.35) 式は可観測である．

章末問題

1　次の二次システムの安定性を調べよ．

$$\left.\begin{aligned} &\dot{\boldsymbol{x}}(t) = \begin{bmatrix} 0 & 1 \\ -12 & -7 \end{bmatrix} \boldsymbol{x}(t) \\ &y(t) = [1, 1]\,\boldsymbol{x}(t) \end{aligned}\right\} \tag{4.38}$$

2　次の三次システムの安定性を調べよ．

$$\left.\begin{aligned} &\dot{\boldsymbol{x}}(t) = \begin{bmatrix} 0 & 1 & 0 \\ 0 & 0 & 1 \\ -2 & -1 & -2 \end{bmatrix} \boldsymbol{x}(t) \\ &y(t) = [1, 1, 0]\,\boldsymbol{x}(t) \end{aligned}\right\} \tag{4.39}$$

3　次のシステムの可制御性・可観測性を調べよ.

$$\left.\begin{aligned} \dot{\boldsymbol{x}}(t) &= \begin{bmatrix} 0 & 1 & 0 \\ 0 & 0 & 1 \\ -1 & -1 & -2 \end{bmatrix} \boldsymbol{x}(t) + \begin{bmatrix} 0 \\ -1 \\ 1 \end{bmatrix} u(t) \\ y(t) &= [1, 1, 0]\, \boldsymbol{x}(t) \end{aligned}\right\} \tag{4.40}$$

4　次のシステムが可制御でもなく，かつ，可観測でもなくなるパラメータ k_1, k_2 を求めよ.

$$\left.\begin{aligned} \dot{\boldsymbol{x}}(t) &= \begin{bmatrix} 0 & 1 \\ -k_1 & -k_2 \end{bmatrix} \boldsymbol{x}(t) + \begin{bmatrix} -1 \\ 1 \end{bmatrix} u(t) \\ y(t) &= [-1, 1]\, \boldsymbol{x}(t) \end{aligned}\right\} \tag{4.41}$$

5　システム

$$\left.\begin{aligned} \dot{\boldsymbol{x}}(t) &= \boldsymbol{A}\boldsymbol{x}(t) + \boldsymbol{b}u(t) \\ y(t) &= \boldsymbol{c}^T \boldsymbol{x}(t) \\ \boldsymbol{A} &\in R^{2\times 2}, \quad \boldsymbol{b}, \boldsymbol{c} \in R^2 \end{aligned}\right\} \tag{4.42}$$

が可制御かつ可観測であるものとする．このとき，正則行列 $\boldsymbol{T}$（$\det \boldsymbol{T} \neq 0$）を用いて変換されたシステム

$$\left.\begin{aligned} \boldsymbol{z}(t) &= \boldsymbol{T}\boldsymbol{x}(t) \\ \dot{\boldsymbol{z}}(t) &= \boldsymbol{T}\boldsymbol{A}\boldsymbol{T}^{-1}\boldsymbol{z}(t) + \boldsymbol{T}\boldsymbol{b}u(t) \\ y(t) &= \boldsymbol{c}^T \boldsymbol{T}^{-1} \boldsymbol{z}(t) \end{aligned}\right\} \tag{4.43}$$

もまた可制御かつ可観測となることを示せ.

第5章

フィードバックによる漸近安定化

前章で説明した安定判別法を用いて作製された装置の安定性を調べたとき，もし装置が不安定になっていたら，そのままではせっかく作製した装置を利用できないことになる．この問題を解決する方法の一つに再度装置を作り直すという方法があるが，一般的に多大な時間と労力が必要となる．作製した装置にアクチュエータが取り付けられている場合，コントローラを設計することにより，不安定な装置を簡単に利用可能（漸近安定）な装置に作り変えることができる．この章では，装置を漸近安定化することのできる最も基本的なコントローラである状態ベクトルを用いたフィードバックコントローラの設計法を解説する．

5.1　制御系の基本的な構成

図 5-1 に制御システムの基本的な構成例を示す．装置を思うように動かすために，作製された装置には，一般的に，力を作用させるためのアクチュエータが取り付けられている．説明を簡単にするため，アクチュエータは入力電圧 $u(t)$〔V〕に対応する力 $u_p(t)$〔N〕を発生させることができるものとする．また，思うように動かしたい状態 $x_p(t)$ を計測する必要もある．計測器からは，状態 $x_p(t)$〔m〕の値に対応した電圧 $x(t)$〔V〕が出力され，この状態に対応した電圧 $x(t)$〔V〕は

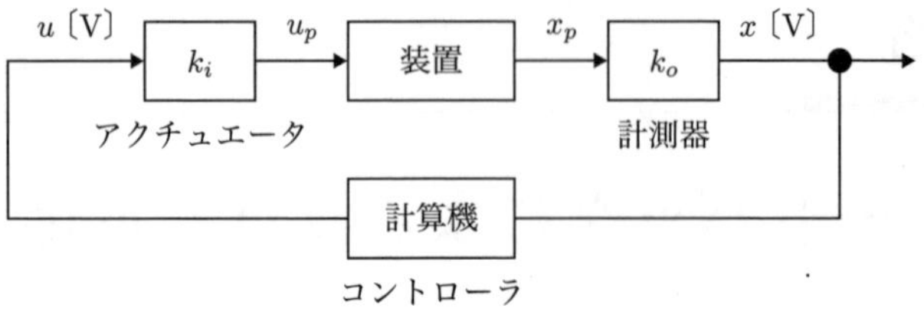

図 5-1　制御系の基本的な構成例

数値として計算機に取り込まれる．計算機内において作製した装置を思うように動かすためのアクチュエータ入力電圧が計算される．そして，その値と等しい電圧 $u(t)$〔V〕が計算機から出力され，計算機から出力される電圧 $u(t)$〔V〕がアクチュエータの入力電圧となる．

以上が，制御システムの基本的な構成例である．本章では，アクチュエータの入力 $u(t)$〔V〕から計測器の出力 $x(t)$〔V〕までを作製した装置の特性と考え，この装置を思うように動かすための**コントローラ**（計算機に書き込まれるプログラム）の設計法を解説する．

図 5-2，図 5-3 に，本章において用いる簡易装置例の概観を示す．そして，次節以降でコントローラの設計法を解説するために運動方程式を導出しておく．

図 5-2 は移動ロボットを示している．この移動ロボットにおいてコントローラの設計法の説明を簡単にするため，図 5-1 のモータ（アクチュエータ）への入力電圧 $u(t)$ から移動ロボットの位置 $x_p(t)$ までの特性が次式となるものとする．

$$\dot{x}_p(t) = k_i u(t),\quad k_i = 1\,〔\mathrm{m/(sV)}〕 \tag{5.1}$$

移動ロボットの位置 $x_p(t)$ と位置計測器の出力電圧 $x(t)$ との関係は

$$x(t) = k_o x_p(t),\quad k_o = 1\,〔\mathrm{V/m}〕 \tag{5.2}$$

であるので，モータへの入力電圧 $u(t)$ から位置計測器の出力電圧 $x(t)$ までの運動方程式は

$$\dot{x}(t) = u(t) \tag{5.3}$$

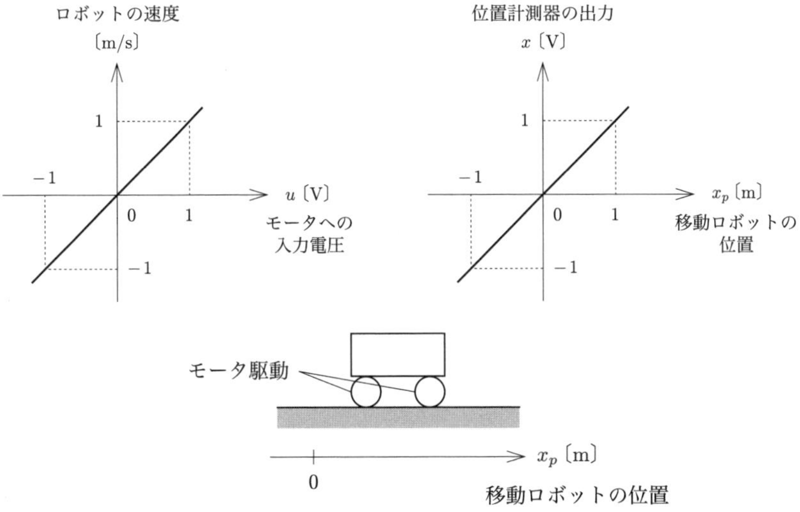

図 5-2　移動ロボット

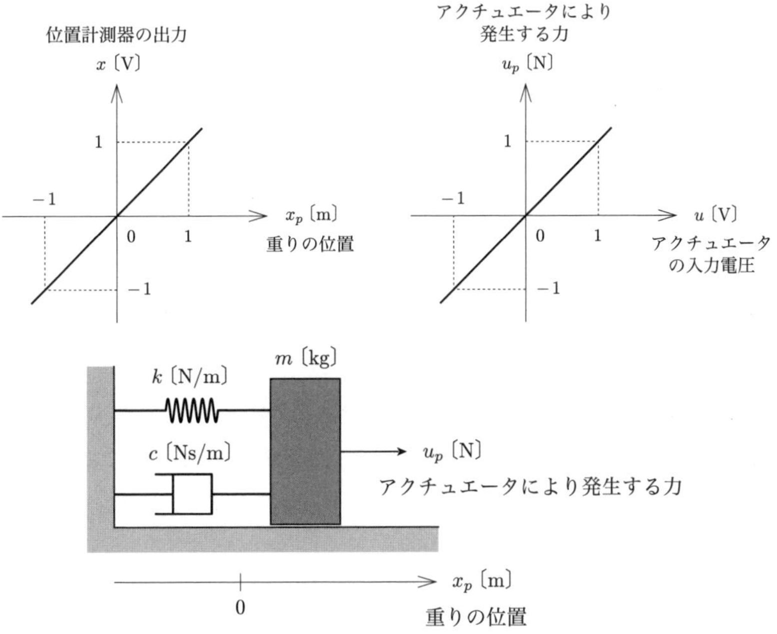

図 5-3　質量・バネ・ダンパシステム

と表現できる．以下において図 5-2 の $x(t)$〔V〕を計測器の出力と表記した場合，何の計測値なのかがわかりにくくなる．そこで，台車の位置 $x_p(t)$〔m〕と計測器の出力 $x(t)$〔V〕との関係が $x(t) = k_o x_p(t)$，$k_o = 1$ となっていることを考慮に入れ，以下では図 5-2 の $x(t)$ を移動ロボットの位置 $x(t)$〔m〕と表記する．

図 5-3 は，質量 m〔kg〕の重り，バネ定数 k〔N/m〕のバネ，ダンパ係数 c〔Ns/m〕のダンパを用いて作製された質量・バネ・ダンパシステムを示している．重りの位置を自由に動かすためにアクチュエータが装着されている．簡単に運動方程式を導出するため，重りに加わる力 $u_p(t)$〔N〕とアクチュエータへの入力電圧 $u(t)$〔V〕との関係が $u_p(t) = k_i u(t)$，$k_i = 1$〔N/V〕であるものとする．また，重りの位置 $x_p(t)$〔m〕と重りの移動速度 $\dot{x}_p(t)$〔m/s〕は計測器を用いて計測されているものとする（スペースの都合上，図中では位置計測のみ示している）．なお，重りの位置 $x_p(t)$〔m〕，移動速度 $\dot{x}_p(t)$〔m/s〕と計測器の出力との関係は，それぞれ，

$$x(t) = k_{o1} x_p(t),\ \ k_{o1} = 1\ [\mathrm{V/m}],\ \ \dot{x}(t) = k_{o2}\dot{x}_p(t),\ \ k_{o2} = 1\ [\mathrm{Vs/m}] \tag{5.4}$$

であるものとする．以上の仮定に基づき，質量・バネ・ダンパシステムの運動方程式が

$$m\ddot{x}_p(t) + c\dot{x}_p(t) + kx_p(t) = u_p(t) \tag{5.5}$$

となることを考慮に入れれば，アクチュエータの入力電圧 $u(t)$ から重り位置計測器の出力電圧 $x(t)$ までの運動方程式が

$$m\ddot{x}(t) + c\dot{x}(t) + kx(t) = u(t) \tag{5.6}$$

で表現されることがわかる．なお，質量・バネ・ダンパシステムにおいても計測器の出力信号 $x(t)$，$\dot{x}(t)$ の意味をわかりやすく表記するため，以下では，質量・バネ・ダンパシステムにおける $x(t)$，$\dot{x}(t)$ を，それぞれ，重りの位置 $x(t)$〔m〕，重りの速度 $\dot{x}(t)$〔m/s〕と表記する．

5.2　一次システムの漸近安定化

〔1〕 原点への漸近安定化

一次システムの移動ロボット（図 5-2 を参照）の原点（$x(t) = 0$）を漸近安定化するためのコントローラの設計法を説明する．

まず，移動ロボットを原点（$x(t) = 0$）に止めるという設計目的

$$\lim_{t \to \infty} x(t) = 0 \tag{5.7}$$

を考えてみよう．ここで，システムの漸近安定性を思い出してもらいたい．設計目的 (5.7) 式はシステムの漸近安定性を示している．すなわち，設計目的 (5.7) 式を達成するには，移動ロボット (5.3) 式を漸近安定化すればよいことがわかる．

移動ロボットの漸近安定化コントローラの設計法を説明するために，システムの漸近安定性を復習しておこう．一般にシステム方程式を用いて表現されるシステム

$$\left.\begin{array}{l} \dot{\boldsymbol{x}}(t) = \boldsymbol{A}\boldsymbol{x}(t) + \boldsymbol{b}u(t), \quad u(t) = 0 \\ y(t) = \boldsymbol{c}^T \boldsymbol{x}(t) \\ \boldsymbol{x}(t), \boldsymbol{b}, \boldsymbol{c} \in R^n, \quad \boldsymbol{A} \in R^{n \times n}, \quad y(t) \in R \end{array}\right\} \tag{5.8}$$

の原点（$\boldsymbol{x}(t) = [0, \cdots, 0]^T$）の安定性は，システム行列 $\boldsymbol{A}$ の固有値を用いて判定できる．すなわち，システムの固有値（行列 $\boldsymbol{A}$ の固有値）のすべての実数部が負であれば，そのシステムの原点は漸近安定である．一つでも実数部が零以上の固有値が存在するときは，システムは漸近安定とはならない．システムの固有値はシステム行列 $\boldsymbol{A}$ を用いた固有方程式（以下，システムの固有方程式と呼ぶ）

$$\det[sI - \boldsymbol{A}] = s^n + a_1 s^{n-1} + \cdots a_{n-1} s + a_n = 0 \tag{5.9}$$

を満足する s の値であり，n 次のシステムの場合 n 個の固有値 λ_i（$i = 1, \cdots, n$）が存在する．

上述の固有値を用いた安定判別法を用いて移動ロボットの安定性を解析してみよう．移動ロボットのシステム方程式は，出力を $y(t) = x(t)$ とすれば，(5.3) 式

より，

$$\left.\begin{aligned}\dot{x}(t) &= u(t)\\ y(t) &= x(t)\end{aligned}\right\} \tag{5.10}$$

で与えられる．システム (5.10) 式は (5.8) 式のシステムにおいて $\boldsymbol{A}=0$，$\boldsymbol{b}=1$，$\boldsymbol{c}=1$，$u(t)\neq 0$ の場合のシステム表現となっている．モータ（アクチュエータ）に入力電圧を与えない場合（$u(t)=0$ の場合），状態方程式は，

$$\dot{x}(t) = 0 \times x(t) = 0 \tag{5.11}$$

と表現できる．システムの固有方程式は，システム行列が $\boldsymbol{A}=0$ であるので，

$$\det[s-0] = s = 0 \tag{5.12}$$

となる．システムの固有値が $\lambda_1 = 0$ であるので，モータに入力を与えない場合，移動ロボットは漸近安定ではないことがわかる．当然ではあるが，モータに入力電圧を与えなければ，移動ロボットはまったく動かないので設計目的 (5.7) 式が達成できないことは明らかである．このことをシステムの固有値を用いて確かめたのである．

モータに入力電圧を与えない場合，設計目的 (5.7) 式が達成されないので，次に，設計目的が達成できる入力電圧の与え方（コントローラの設計法）を考察する．いま，入力電圧を

$$u(t) = -gx(t) \tag{5.13}$$

で与えれば，制御システム方程式は，(5.13) 式を (5.10) 式に代入することにより，

$$\left.\begin{aligned}\dot{x}(t) &= -gx(t)\\ y(t) &= x(t)\end{aligned}\right\} \tag{5.14}$$

で与えられる．なお，g は設計者が定める設計パラメータであり，**フィードバックゲイン**と呼ばれる．制御システムの固有値が負であれば，制御システムが漸近安定となり，設計目的 (5.7) 式が達成されることになる．そこで，制御システム

(5.14) 式の固有値が -1 となるフィードバックゲイン g が存在するかどうかを考えてみよう．固有値が -1 となる固有方程式は

$$s + 1 = 0 \tag{5.15}$$

である．一方，制御システム (5.14) 式の固有方程式は

$$\det[s - (-g)] = s + g = 0 \tag{5.16}$$

である．固有方程式 (5.15) 式と (5.16) 式とを比較することにより，フィードバックゲインが $g = 1$ であれば両方の固有方程式が一致することがわかる．以上のことより，フィードバックゲインを $g = 1$ とした入力電圧

$$u(t) = -x(t) \tag{5.17}$$

を用いれば，制御システムの固有値が -1 となることがわかる．このとき，制御システムは漸近安定となり，設計目的 (5.7) 式が達成され，移動ロボットは原点 ($x(t) = 0$) に止まることになる．(5.17) 式が設計されたコントローラであり，実際には，この式を図 5-1 の計算機で計算することにより実際の制御システムが構成されることになる．

上述した設計例において，フィードバックゲインを $g = 1$ に設定したが，「この値が最適なフィードバックゲインなのであろうか？」という疑問が生じる．次に，このことに対する一つの回答を数値シミュレーションを用いて説明しておく．コントローラ (5.13) 入力電圧式を用いて制御を行った場合に，フィードバックゲイン g を変化させたときの移動ロボットの位置応答 $x(t)$ とモータへの入力電圧応答 $u(t)$ を図 5-4 に示す．$g = 1, 3, 15$ のとき，制御システムの固有値は，それぞれ，-1，-3，-15 である．なお，制御開始時において移動ロボットが $x(0) = 10$〔m〕の位置に停止しているものとする．図 5-4 (a) に示すように，制御システムの固有値の絶対値を大きく設定することにより，移動ロボットは速く原点 ($x(t) = 0$) に到達している．しかし，図 5-4 (b)～(d) に示すように，制御システムの固有値の絶対値を大きく設定した場合，モータへの初期入力電圧が大きくなることがわかる．もし，使用しているモータの最大許容入力電圧が 100 V の場合に制御システ

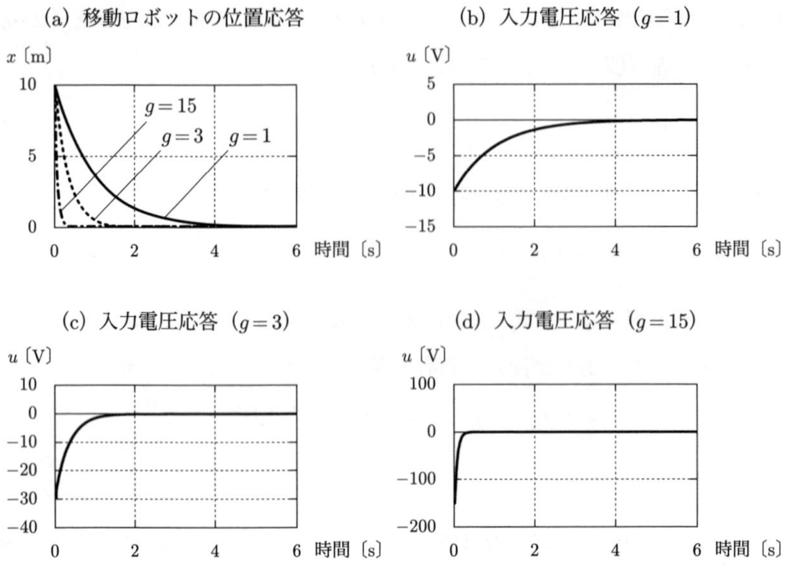

図 5-4 漸近安定化された移動ロボットの応答

ムの固有値を -15（$g = 15$）に設定して移動ロボットを動かそうとすると，図 5-4 (d) に示すように，計算機より出力されるモータへの初期入力電圧が 150 V となるため，装置が壊れてしまう可能性がある．移動ロボットを原点に移動させる場合，一般的に移動速度は速ければ速いほどよい．しかしながら，実際にはアクチュエータなどの許容限界などにより移動ロボットを動かせる速さ（フィードバックゲインの大きさ）には上限があることに注意する必要がある．モータへの初期入力電圧を 100 V 以内にしなければならない場合，移動ロボットが $x(0) = 10$〔m〕の位置に停止しているときには，フィードバックゲインを $g \leq 10$ に設定する必要がある．したがって，移動ロボットの原点への移動速度を考慮に入れれば，フィードバックゲインの最適値は $g = 10$ となる．

一次システムの漸近安定化コントローラの設計に慣れるために，例題 5.1，5.2 を示しておく．

例題 5.1 システム方程式が

$$\left.\begin{aligned}\dot{x}(t) &= 2x(t) + 3u(t)\\ y(t) &= x(t)\end{aligned}\right\} \tag{5.18}$$

で与えられるシステムを考える．このシステム対し設計目的 $\lim_{t\to\infty} x(t) = 0$ が達成されるコントローラを設計してみよう．なお，制御システムの固有値を -2 とせよ．

解答 まず，入力を

$$u(t) = -gx(t) \tag{5.19}$$

の形で構成することを考える．このとき，制御システム方程式は

$$\left.\begin{aligned}\dot{x}(t) &= -(3g - 2)x(t)\\ y(t) &= x(t)\end{aligned}\right\} \tag{5.20}$$

となる．この制御システムの固有方程式は

$$\det[s - (-(3g - 2))] = s + (3g - 2) = 0 \tag{5.21}$$

である．一方，固有値が -2 となる固有方程式は

$$s + 2 = 0 \tag{5.22}$$

であるので，フィードバックゲインを $g = \dfrac{4}{3}$ とすれば，制御システムの固有値が -2 となることがわかる．以上より，コントローラ

$$u(t) = -\frac{4}{3}x(t) \tag{5.23}$$

を用いて設計目的が達成できることがわかる．

例題 5.2 システム方程式が

$$\left.\begin{aligned}\dot{x}(t) &= 3x(t) + 5u(t)\\ y(t) &= x(t)\end{aligned}\right\} \tag{5.24}$$

で与えられるシステムに対し，フィードバック制御

$$u(t) = -gx(t) \tag{5.25}$$

を行った．制御システムが漸近安定となるフィードバックゲイン g の範囲を求めよ．

解答　制御システム方程式は

$$\left.\begin{aligned} \dot{x}(t) &= -(5g-3)x(t) \\ y(t) &= x(t) \end{aligned}\right\} \tag{5.26}$$

となる．この制御システムの固有方程式は

$$\det[s-(-(5g-3))] = s + (5g-3) = 0 \tag{5.27}$$

である．制御システムの固有値は $-5g+3$ となるので，フィードバックゲインが $g > \dfrac{3}{5}$ の範囲で制御システムは漸近安定となる．

〔2〕目標位置への漸近安定化

次に，移動ロボットを設計者が希望する位置に止めるという設計目的

$$\lim_{t\to\infty} x(t) = d, \quad d: \text{定数} \tag{5.28}$$

を考えてみよう．d は設計者が指定した位置であり，例えば 移動ロボットを 1 m の位置に止めたければ，$d = 1$ である．

前項と同様に移動ロボットを漸近安定化しても設計目的 (5.28) 式は達成されない．システムの原点が単に漸近安定化された場合，システムの状態 $x(t)$ が零に収束することしか保証されない．しかしながら，前項で説明した設計法を応用することができれば，新しい設計法を覚える必要がないという利点がある．そこで，前項で説明した設計法を応用するために，零に収束したとき設計目的が達成できる新しい状態を定義することを考える．新しい状態を

$$z(t) = x(t) - d \tag{5.29}$$

で与えてみる．明らかに状態 $z(t)$ が零に収束すれば設計目的 (5.28) 式が達成されることがわかる．したがって，新しい状態 $z(t)$ を用いたシステムの原点 $(z(t)=0)$ が漸近安定となるようなコントローラを，前項と同様に設計すればよいことがわかる．コントローラを簡単に設計するために，新しい状態 $z(t)$ を用いたシステム方程式を導いておこう．$z(t)$ を用いたシステム方程式は，出力を $y(t)=z(t)$ とすれば，移動ロボットの運動方程式 (5.3) 式より，次式で与えられる．

$$\left.\begin{aligned} \dot{z}(t) &= \dot{x}(t) = u(t) \\ y(t) &= z(t) \end{aligned}\right\} \tag{5.30}$$

以下では，前項と同様な手法を用いてシステム (5.30) 式を漸近安定化できるコントローラを設計する．いま，入力電圧を

$$u(t) = -gz(t) \tag{5.31}$$

で与えれば，制御システム方程式は，(5.31) 式を (5.30) 式に代入することにより，

$$\left.\begin{aligned} \dot{z}(t) &= -gz(t) \\ y(t) &= z(t) \end{aligned}\right\} \tag{5.32}$$

で与えられる．なお，g は設計者が定めるフィードバックゲインである．制御システムの固有値が負であれば，制御システムの原点 $(z(t)=0)$ が漸近安定となり，設計目的 (5.28) 式が達成されることになる．そこで，制御システム (5.32) 式の固有値が -1 となるフィードバックゲイン g が存在するかどうかを考えてみよう．固有値が -1 となる固有方程式は

$$s + 1 = 0 \tag{5.33}$$

である．一方，制御システム (5.32) 式の固有方程式は

$$\det[s - (-g)] = s + g = 0 \tag{5.34}$$

である．固有方程式 (5.33) 式と (5.34) 式を比較することにより，フィードバックゲインが $g=1$ であれば両方の固有方程式が一致することがわかる．以上のことより，(5.31) 式のフィードバックゲインを $g=1$ とした入力電圧

$$u(t) = -z(t) = -x(t) + d \tag{5.35}$$

を用いれば，制御システムの固有値が -1 となることがわかる．このとき，制御システムの原点（$z(t)=0$）は漸近安定となり，設計目的(5.28)式が達成され，移動ロボットは設計者が指定した位置（$x(t)=d$）に止まることになる．

一次システムに対して，目標位置への漸近安定化コントローラの設計に慣れるために，例題5.3，5.4を示しておく．

例題 5.3　システム方程式が

$$\left.\begin{aligned}\dot{x}(t) &= 2x(t)+3u(t)\\ y(t) &= x(t)\end{aligned}\right\} \tag{5.36}$$

で与えられるシステムを考える．このシステムに対し設計目的

$$\lim_{t\to\infty} x(t) = d \tag{5.37}$$

が達成されるコントローラを設計してみよう．なお，d は設計者が定める定数である．

解答　まず，零に収束したとき設計目的が達成できる新しい状態を

$$z(t) = x(t) - d \tag{5.38}$$

で与える．明らかに状態 $z(t)$ が零に収束すれば設計目的(5.37)式が達成される．$z(t)$ を用いたシステム方程式は，出力を $y(t)=z(t)$ とすれば，システム方程式(5.36)式より，次式で与えられる．

$$\left.\begin{aligned}\dot{z}(t) &= \dot{x}(t) = 2z(t)+3u(t)+2d\\ y(t) &= z(t)\end{aligned}\right\} \tag{5.39}$$

以下では，(5.39)式で与えられるシステムを制御した場合の制御システムの固有値が -2 となるコントローラを設計してみよう．まず，フィードバック入力を

$$u(t) = -gz(t) \tag{5.40}$$

の形で構成することを考える．このとき，制御システム方程式は

$$\left.\begin{aligned}\dot{z}(t) &= -(3g-2)z(t)+2d\\ y(t) &= z(t)\end{aligned}\right\} \tag{5.41}$$

となる．しかしながら，$d=0$ の場合の制御システムの固有値を -2 としても，設計者が定めた定数 d が制御システム (5.41) 式において一定値外乱として作用しているので，制御システムの原点 ($z(t)=0$) は漸近安定とはならない．制御システムの原点が漸近安定になるには，制御システムに外乱が存在しない形 ($\dot{z}(t)=\bigstar z(t)$) になる必要がある．このことを考慮に入れ，入力の形を以下のように修正してみよう．

$$u(t)=-gz(t)-\frac{2}{3}d \tag{5.42}$$

入力 (5.42) 式右辺第 2 項は，この入力をシステム (5.39) 式に代入したときに，(5.39) 式右辺第 3 項の外乱 d が消えてなくなるように設定した一定値である．実際，入力 (5.42) 式を (5.39) 式に代入すれば，制御システム方程式は

$$\left.\begin{aligned}\dot{z}(t)&=-(3g-2)z(t)\\ y(t)&=z(t)\end{aligned}\right\} \tag{5.43}$$

となる．この制御システムの固有方程式は

$$\det[s-(-(3g-2))]=s+(3g-2)=0 \tag{5.44}$$

である．一方，固有値が -2 となる固有方程式は

$$s+2=0 \tag{5.45}$$

であるので，フィードバックゲインを $g=\dfrac{4}{3}$ とすれば，制御システムの固有値が -2 となることがわかる．以上より，設計目的を達成できるコントローラは

$$u(t)=-\frac{4}{3}z(t)-\frac{2}{3}d=-\frac{4}{3}x(t)+\frac{2}{3}d \tag{5.46}$$

となることがわかる．

例題 5.4 システム方程式が

$$\left.\begin{aligned}\dot{x}(t)&=-x(t)+2u(t)\\ y(t)&=x(t)\end{aligned}\right\} \tag{5.47}$$

で与えられるシステムを考える．このシステムに対し設計目的

$$\lim_{t\to\infty} x(t) = d \tag{5.48}$$

が達成されるコントローラを設計してみよう．d は定数である．なお，制御システムの固有値を -1 とせよ．

解答　まず，零に収束したとき設計目的が達成できる新しい状態を

$$z(t) = x(t) - d \tag{5.49}$$

で与える．明らかに状態 $z(t)$ が零に収束すれば設計目的 (5.48) 式が達成される．$z(t)$ を用いたシステム方程式は，出力を $y(t) = z(t)$ とすれば，システム方程式 (5.47) 式より，次式で与えられる．

$$\left.\begin{aligned} \dot{z}(t) &= -z(t) + 2u(t) - d \\ y(t) &= z(t) \end{aligned}\right\} \tag{5.50}$$

制御システムが $\dot{z}(t) = \bigstar z(t)$ の形になる必要があることを考慮に入れ，入力を次式で与える．

$$u(t) = -gz(t) + \frac{1}{2}d \tag{5.51}$$

右辺第2項はこの入力をシステム (5.50) 式に代入したときに，(5.50) 式右辺第3項の外乱 d が消えてなくなるように設定した一定値である．実際，入力 (5.51) 式を (5.50) 式に代入すれば，制御システム方程式は

$$\left.\begin{aligned} \dot{z}(t) &= -(2g+1)z(t) \\ y(t) &= z(t) \end{aligned}\right\} \tag{5.52}$$

となる．この制御システムの固有方程式は

$$\det[s - (-(2g+1))] = s + (2g+1) = 0 \tag{5.53}$$

である．一方，固有値が -1 となる固有方程式は

$$s + 1 = 0 \tag{5.54}$$

であるので，フィードバックゲインを $g = 0$ とすれば，制御システムの固有値が -1 となることがわかる．以上より，設計目的を達成できるコントローラは

$$u(t) = \frac{1}{2}d \tag{5.55}$$

となる．

5.3　二次システムの漸近安定化

質量・バネ・ダンパシステム（図 5-3 を参照）を例にして，二次システムの漸近安定化コントローラの設計法を説明する．なお，ここでは，重りの質量を $m = 1$〔kg〕，バネ定数を $k = 1$〔N/m〕，ダンパ係数を $c = 0$〔Ns/m〕（ダンパを取り付けていないシステム）とした質量・バネシステム（図 5-5 を参照）を考える．

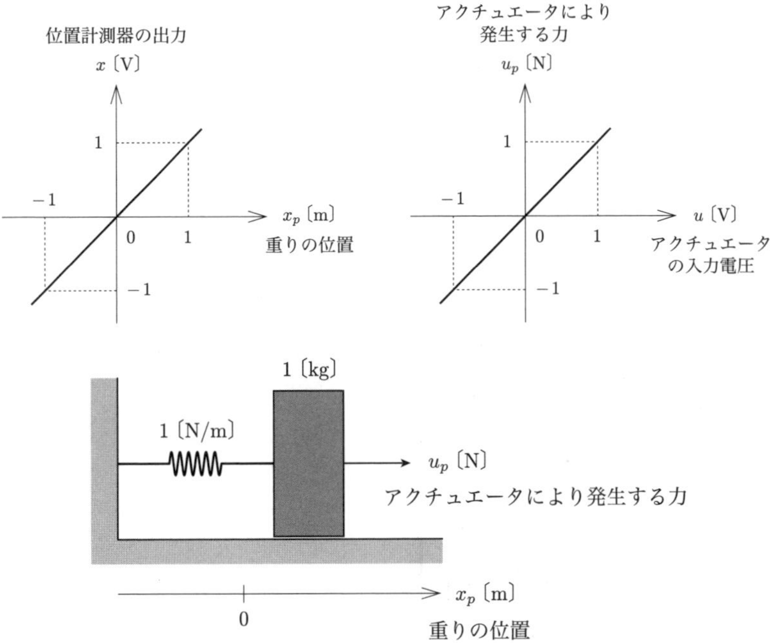

図 5-5　質量・バネシステム

(5.6) 式より，図 5-5 の質量・バネシステムの運動方程式は

$$\ddot{x}(t) + x(t) = u(t) \tag{5.56}$$

となる．

〔1〕原点への漸近安定化

質量・バネシステムの重りの位置 $x(t)$ を原点（$x(t) = 0$）に止めるという設計目的を考えてみよう．この設計目的を達成できるコントローラを設計するため，状態ベクトル $\boldsymbol{x}(t) = [x(t),\, \dot{x}(t)]^T$ を用いてシステムを

$$\left.\begin{aligned} &\dot{\boldsymbol{x}}(t) = \boldsymbol{A}\boldsymbol{x}(t) + \boldsymbol{b}u(t) \\ &y(t) = \boldsymbol{c}^T\boldsymbol{x}(t) \\ &\boldsymbol{A} = \begin{bmatrix} 0 & 1 \\ -1 & 0 \end{bmatrix},\ \boldsymbol{b} = \begin{bmatrix} 0 \\ 1 \end{bmatrix},\ \boldsymbol{c} = \begin{bmatrix} 1 \\ 0 \end{bmatrix} \end{aligned}\right\} \tag{5.57}$$

と表現しておく．この質量・バネシステムにおいて，

$$\lim_{t\to\infty} \boldsymbol{x}(t) = \begin{bmatrix} 0 \\ 0 \end{bmatrix} \tag{5.58}$$

となれば，設計目的が達成されることがわかる．設計目的 (5.58) 式を達成するには，システム (5.57) 式の原点を漸近安定化すればよい．

まず，アクチュエータに入力電圧を与えない場合（$u(t) = 0$ の場合）のシステムの原点（$\boldsymbol{x}(t) = [0, 0]^T$）の安定性をチェックしてみよう．アクチュエータに入力電圧を与えない場合，システム方程式は

$$\left.\begin{aligned} &\dot{\boldsymbol{x}}(t) = \boldsymbol{A}\boldsymbol{x}(t) \\ &y(t) = \boldsymbol{c}^T\boldsymbol{x}(t) \\ &\boldsymbol{A} = \begin{bmatrix} 0 & 1 \\ -1 & 0 \end{bmatrix},\ \boldsymbol{c} = \begin{bmatrix} 1 \\ 0 \end{bmatrix} \end{aligned}\right\} \tag{5.59}$$

となる．システムの固有方程式は

$$\det[sI - \boldsymbol{A}] = s^2 + 1 = 0 \tag{5.60}$$

となるので，システムの固有値は $\lambda_1 = 0 + j$，$\lambda_2 = 0 - j$ である．このことより，アクチュエータに入力電圧を与えない場合，システムは漸近安定ではなく安定であることがわかる．当然ではあるが，アクチュエータに入力電圧を与えなければ，重りはまったく動かないか，あるいは，振動し続けるので設計目的 (5.58) 式は達成できない．

アクチュエータに入力電圧を与えない場合，設計目的 (5.58) 式が達成されないので，次に，設計目的が達成できる入力電圧を設計（コントローラを設計）する．いま，入力電圧を状態ベクトル $\boldsymbol{x}(t)$ を用いて

$$u(t) = -\boldsymbol{g}^T\boldsymbol{x}(t),\ \ \boldsymbol{g} = [g_1,\ g_2]^T \tag{5.61}$$

で与えれば，制御システム方程式は，(5.61) 式を (5.57) 式に代入することにより，

$$\left.\begin{aligned} \dot{\boldsymbol{x}}(t) &= [\boldsymbol{A} - \boldsymbol{b}\boldsymbol{g}^T]\boldsymbol{x}(t) = \begin{bmatrix} 0 & 1 \\ -g_1 - 1 & -g_2 \end{bmatrix}\boldsymbol{x}(t) \\ y(t) &= \boldsymbol{c}^T\boldsymbol{x}(t) \end{aligned}\right\} \tag{5.62}$$

で与えられる．なお，$\boldsymbol{g}$ は設計者が定めるフィードバックゲインであり，(5.61) 式を**状態フィードバックコントローラ**と呼ぶ．状態フィードバック制御システムのブロック線図を図 5-6 に示しておく．実際の装置においては，図 5-6 のコントローラ部を計算機の中で計算することになる．

制御システム (5.62) 式の固有値の実数部がすべて負であれば，制御システムが漸近安定となり，設計目的 (5.58) 式が達成されることになる．そこで，制御シス

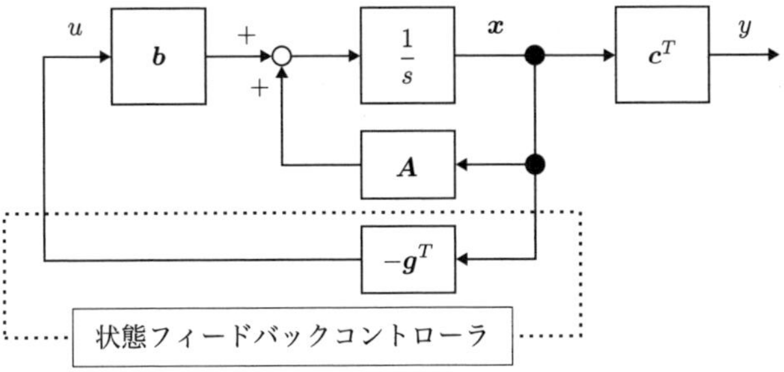

図 5-6　状態フィードバック制御システム

テム (5.62) 式の固有値が -1，-2 となるフィードバックゲイン $\boldsymbol{g}$ が存在するかどうかを考えてみよう．固有値が -1，-2 となる固有方程式は

$$(s+1)(s+2) = s^2 + 3s + 2 = 0 \tag{5.63}$$

である．一方，制御システム (5.62) 式の固有方程式は

$$\det[sI - (\boldsymbol{A} - \boldsymbol{b}\boldsymbol{g}^T)] = s^2 + g_2 s + (g_1 + 1) = 0 \tag{5.64}$$

である．固有方程式 (5.63) 式と (5.64) 式を比較することにより，フィードバックゲインが $g_1 = 1$，$g_2 = 3$ であれば両方の固有方程式が一致することがわかる．以上のことより，フィードバックゲインを $\boldsymbol{g} = [1, 3]^T$ とした入力電圧

$$u(t) = -[1, 3]\boldsymbol{x}(t) = -x(t) - 3\dot{x}(t) \tag{5.65}$$

を用いれば，制御システムは漸近安定となり，設計目的 (5.58) 式が達成される．そして，重りは原点（$x(t) = 0$，$\dot{x}(t) = 0$）に止まることになる．

上述の質量・バネシステムでは，固有方程式 (5.64) 式から明らかなように，制御システムの固有値をフィードバックゲインを用いて任意に指定できる．しかしながら，どのようなシステムでも制御システムの固有値を任意に指定できるわけではない．

制御システムの固有値の任意設定

制御対象を状態空間表現したときに，システムが可制御となっている場合にのみ状態フィードバックコントローラを用いた制御システムの固有値を任意に設定可能である．

上述の質量・バネシステムでは，システムの状態空間表現 (5.57) 式が可制御となっており，任意の固有値を設定可能である．

次に，フィードバックゲインを設定する場合に注意すべきことを数値シミュレーションを用いて説明しておく．図 5-5 の質量・バネシステムの重りを手で引っ張って $x(0) = 0.1$〔m〕の位置に停止させた後に手を離した場合に，コントロー

ラ (5.61) 式を用いて制御を行ったときの重りの位置応答 $x(t)$ とアクチュエータへの入力電圧応答 $u(t)$ を図 5-7 に示す．状態フィードバックゲインが $\boldsymbol{g} = [9, 2]^T$，$\boldsymbol{g} = [1, 3]^T$，$\boldsymbol{g} = [19, 9]^T$ のとき，制御システムの固有値は，それぞれ，$(-1 \pm 3j)$，$(-1,\ -2)$，$(-4,\ -5)$ である．

図 5-7 に示すように，制御システムの固有値が複素数である場合（$g_1 = 9$，$g_2 = 2$ の場合），位置応答と入力電圧応答に振動が発生していることがわかる．一方，固有値が実数の場合には振動現象が発生しないことがわかる．作製された装置において，重りが振動する場合，重りが装置内のどこかにぶつかってしまい装置の故障の原因となることがある．前節の一次システムと同様，二つの固有値の絶対値を大きく設定した場合，重りの位置応答の原点への収束速度は速くなるがモータへの初期入力電圧は大きくなるという問題もある．このような問題を防ぐためにフィードバックゲインの設定に関し，次のことに注意しなければならない．

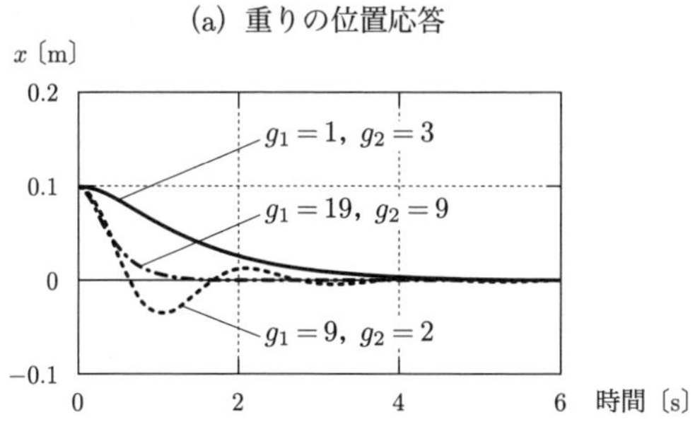

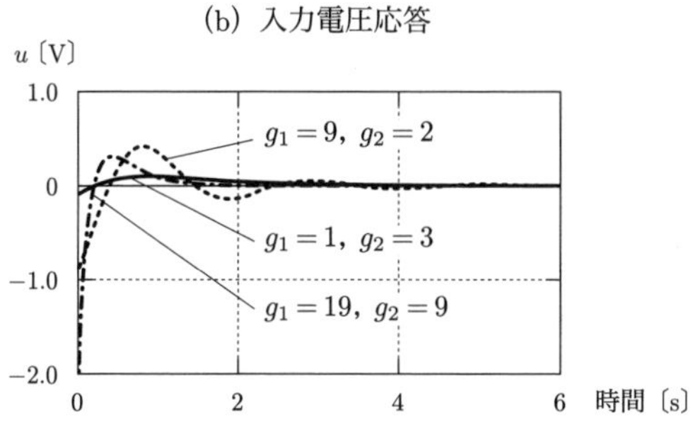

図 5-7　漸近安定化された質量・バネシステムの応答

制御システムの固有値の設定において注意すべきこと

1) 一般的には制御システムの固有値が複素数にならないようにフィードバックゲインの値を設定する．固有値が複素数の場合には制御システムに振動現象が発生し，固有値が負の実数の場合には振動現象が発生しない．
2) 二次システムの場合にもアクチュエータなどの許容限界などにより重りを動かせる速さには上限がある．

最後に，二次システムの漸近安定化コントローラの設計に関する例題 5.5，5.6 を示しておく．

例題 5.5　運動方程式が

$$\ddot{x}(t) + \dot{x}(t) = u(t) \tag{5.66}$$

で与えられるシステムを考えよう．状態ベクトルを $\boldsymbol{x}(t) = [x(t), \dot{x}(t)]^T$ とし，出力を $y(t) = x(t)$ とすれば，システム方程式は次式で与えられる．

$$\left.\begin{aligned} &\dot{\boldsymbol{x}}(t) = \boldsymbol{A}\boldsymbol{x}(t) + \boldsymbol{b}u(t) \\ &y(t) = \boldsymbol{c}^T\boldsymbol{x}(t) \\ &\boldsymbol{A} = \begin{bmatrix} 0 & 1 \\ 0 & -1 \end{bmatrix},\ \boldsymbol{b} = \begin{bmatrix} 0 \\ 1 \end{bmatrix},\ \boldsymbol{c} = \begin{bmatrix} 1 \\ 0 \end{bmatrix} \end{aligned}\right\} \tag{5.67}$$

このシステムが可制御となっていることを考慮に入れ，設計目的 (5.58) 式が達成されるコントローラを設計してみよう．すなわち，制御システムの固有値が -2, -2 となる状態フィードバックコントローラを設計してみよう．

解答　まず，入力を

$$u(t) = -\boldsymbol{g}^T\boldsymbol{x}(t),\ \boldsymbol{g} = [g_1, g_2]^T \tag{5.68}$$

の形で構成する．このとき，制御システム方程式は

$$\left.\begin{aligned} &\dot{\boldsymbol{x}}(t) = [\boldsymbol{A} - \boldsymbol{b}\boldsymbol{g}^T]\boldsymbol{x}(t) = \begin{bmatrix} 0 & 1 \\ -g_1 & -g_2 - 1 \end{bmatrix}\boldsymbol{x}(t) \\ &y(t) = \boldsymbol{c}^T\boldsymbol{x}(t) \end{aligned}\right\} \tag{5.69}$$

となる．この制御システムの固有方程式は

$$\det[sI-(\boldsymbol{A}-\boldsymbol{b}\boldsymbol{g}^T)] = s^2+(g_2+1)s+g_1 = 0 \tag{5.70}$$

である．一方，固有値が -2，-2 となる固有方程式は

$$(s+2)^2 = s^2+4s+4 = 0 \tag{5.71}$$

であるので，フィードバックゲインを $\boldsymbol{g}=[4,3]^T$ とすれば，制御システムの固有値が -2，-2 となることがわかる．以上より，設計目的を達成できるコントローラは

$$u(t) = -[4,3]\boldsymbol{x}(t) = -4x(t)-3\dot{x}(t) \tag{5.72}$$

となる．

例題 5.6　システム方程式が次式で与えられるシステムを考えよう．

$$\left.\begin{aligned} &\dot{\boldsymbol{x}}(t) = \boldsymbol{A}\boldsymbol{x}(t)+\boldsymbol{b}u(t) \\ &y(t) = \boldsymbol{c}^T\boldsymbol{x}(t) \\ &\boldsymbol{A} = \begin{bmatrix} 0 & 1 \\ 1 & 0 \end{bmatrix},\ \ \boldsymbol{b} = \begin{bmatrix} 1 \\ 1 \end{bmatrix},\ \ \boldsymbol{c} = \begin{bmatrix} 1 \\ 0 \end{bmatrix} \end{aligned}\right\} \tag{5.73}$$

制御システムの固有値が -2，-2 となるコントローラを設計してみよう．

解答　システムの可制御性行列は

$$\boldsymbol{U}_c = \begin{bmatrix} 1 & 1 \\ 1 & 1 \end{bmatrix} \tag{5.74}$$

で与えられる．可制御性行列の行列式が $\mathbf{det}[\boldsymbol{U}_c] = 0$ となるので，システム(5.73) 式は可制御ではない．可制御でないシステムに対し制御系の固有値を -2，-2 にするコントローラが設計できるのであろうか？　実際に確かめてみよう．

まず，入力を

$$u(t) = -\boldsymbol{g}^T\boldsymbol{x}(t),\ \ \boldsymbol{g} = [g_1,\ g_2]^T \tag{5.75}$$

の形で構成する．このとき，制御システムの状態空間表現は

$$\dot{\boldsymbol{x}}(t) = [\boldsymbol{A} - \boldsymbol{b}\boldsymbol{g}^T]\boldsymbol{x}(t) = \begin{bmatrix} -g_1 & 1 - g_2 \\ -g_1 + 1 & -g_2 \end{bmatrix} \boldsymbol{x}(t) \tag{5.76}$$

となる．この制御システムの固有方程式は

$$\det[sI - (\boldsymbol{A} - \boldsymbol{b}\boldsymbol{g}^T)] = s^2 + (g_1 + g_2)s + g_1 + g_2 - 1 = 0 \tag{5.77}$$

である．一方，固有値が -2，-2 となる固有方程式は

$$(s+2)^2 = s^2 + 4s + 4 = 0 \tag{5.78}$$

である．$g_1 + g_2 = 4$ のとき，$g_1 + g_2 - 1 = 3$ となるので，固有方程式 (5.77) 式と (5.78) 式が一致するフィードバックゲインは存在しない．しかしながら，固有値が -1，-1 となる固有方程式は $(s+1)^2 = s^2 + 2s + 1$ となるので，$g_1 + g_2 = 2$ となるようにフィードバックゲインを設定すれば（例えば $g_1 = 1$，$g_2 = 1$），制御システムの固有値は -1，-1 となる．以上に述べたように，可制御でないシステムに対し制御システムの固有値を任意に指定するのは不可能であることがわかる．この例題の答えは，「制御システムの固有値を -2，-2 には設定できない」である．

〔2〕目標位置への漸近安定化

次に，図 5-5 の質量・バネシステム (5.57) 式の重りを設計者の希望する位置に止めることを考えてみよう．すなわち，次の設計目的

$$\lim_{t\to\infty} x(t) = d, \quad d: \text{定数} \tag{5.79}$$

を考える．d は設計者が指定した位置である．前項と同様にシステムを漸近安定化しても設計目的 (5.79) 式は達成されない．システムの原点（$\boldsymbol{x}(t) = [0, 0]^T$）が漸近安定化された場合，システムの状態ベクトル $\boldsymbol{x}(t)$ が零に収束すること（$\lim_{t\to\infty} \boldsymbol{x}(t) = [0, 0]^T$）しか保証されない．そこで，零に収束したとき設計目的が達成できる新しい状態を定義することを考える．まず，新しい信号 $z(t)$ を

$$z(t) = x(t) - d \tag{5.80}$$

で与えてみる．明らかに信号 $z(t)$ が零に収束すれば設計目的 (5.79) 式が達成されることがわかる．この新しい信号 $z(t)$ を用いたとき，質量・バネシステムの運動方程式は (5.56) 式より，

$$\ddot{z}(t) + z(t) = u(t) - d \tag{5.81}$$

となる．この関係より，新しい状態ベクトル $\boldsymbol{w}(t) = [z(t),\, \dot{z}(t)]^T$ と出力 $y(t) = z(t)$ を用いたシステム方程式が次式のように得られる．

$$\left.\begin{aligned}&\dot{\boldsymbol{w}}(t) = \boldsymbol{A}\boldsymbol{w}(t) + \boldsymbol{b}(u(t) - d)\\&y(t) = \boldsymbol{c}^T\boldsymbol{w}(t)\\&\boldsymbol{A} = \begin{bmatrix} 0 & 1 \\ -1 & 0 \end{bmatrix},\ \ \boldsymbol{b} = \begin{bmatrix} 0 \\ 1 \end{bmatrix},\ \ \boldsymbol{c} = \begin{bmatrix} 1 \\ 0 \end{bmatrix}\end{aligned}\right\} \tag{5.82}$$

この新しい状態ベクトル $\boldsymbol{w}(t)$ の原点が漸近安定となるようなコントローラを設計すれば設計目的 (5.79) 式が達成される．以下では，システム (5.82) 式が可制御となることを考慮に入れ，前項と同様な手法を用いて漸近安定化できるコントローラを設計する．いま，入力電圧を

$$u(t) = -\boldsymbol{g}^T\boldsymbol{w}(t),\ \ \boldsymbol{g} = [g_1,\, g_2]^T \tag{5.83}$$

で与えれば，制御システム方程式は，(5.83) 式を (5.82) 式に代入することにより，

$$\left.\begin{aligned}&\dot{\boldsymbol{w}}(t) = [\boldsymbol{A} - \boldsymbol{b}\boldsymbol{g}^T]\boldsymbol{w}(t) - \boldsymbol{b}d\\&y(t) = \boldsymbol{c}^T\boldsymbol{w}(t)\end{aligned}\right\} \tag{5.84}$$

で与えられる．なお，$\boldsymbol{g}$ は設計者が定めるフィードバックゲインである．制御システム (5.84) 式が漸近安定となれば，設計目的 (5.79) 式が達成されることになる．しかしながら，$d = 0$ と仮定したときの制御システムの固有値を -1，-2 としても設計者によって設計された目標位置 d が外乱として作用するので制御システムの原点（$\boldsymbol{w}(t) = [0, 0]^T$）は漸近安定とはならない．制御システムが漸近安定になるには，制御システムに外乱が存在しない形（$\dot{\boldsymbol{w}}(t) = \bigstar\boldsymbol{w}(t)$）になる必要がある．このことを考慮に入れ，入力の形を以下のように修正してみよう．

$$u(t) = -\boldsymbol{g}^T\boldsymbol{w}(t) + d,\ \ \boldsymbol{g} = [g_1,\, g_2]^T \tag{5.85}$$

このとき，制御システム方程式は

$$\left.\begin{aligned}\dot{\boldsymbol{w}}(t) &= [\boldsymbol{A}-\boldsymbol{b}\boldsymbol{g}^T]\boldsymbol{w}(t) = \begin{bmatrix} 0 & 1 \\ -g_1-1 & -g_2 \end{bmatrix}\boldsymbol{w}(t) \\ y(t) &= \boldsymbol{c}^T\boldsymbol{w}(t)\end{aligned}\right\} \tag{5.86}$$

となる．制御システム (5.86) 式の固有値が -1，-2 となるフィードバックゲイン $\boldsymbol{g}$ を求めよう．固有値が -1，-2 となる固有方程式は

$$(s+1)(s+2) = s^2+3s+2 = 0 \tag{5.87}$$

である．一方，制御システム (5.86) 式の固有方程式は

$$\det[sI-(\boldsymbol{A}-\boldsymbol{b}\boldsymbol{g}^T)] = s+g_2s+(g_1+1) = 0 \tag{5.88}$$

である．固有方程式 (5.87) 式と (5.88) 式を比較することにより，フィードバックゲインが $\boldsymbol{g}=[1,3]^T$ であれば両方の固有方程式が一致することがわかる．以上のことより，入力電圧

$$\begin{aligned}u(t) &= -[1,3]\boldsymbol{w}(t)+d \\ &= -z(t)-3\dot{z}(t)+d \\ &= -x(t)-3\dot{x}+2d \\ &= -\boldsymbol{g}^T\boldsymbol{x}(t)+2d,\ \ \boldsymbol{g}=[1,3]^T\end{aligned} \tag{5.89}$$

を用いれば，制御システム (5.86) 式の固有値が -1，-2 となる．このとき，制御システム (5.86) 式は漸近安定となり，設計目的 (5.79) 式が達成され，質量・バネシステムの重りは設計者が指定した位置（$x(t)=d$）に止まることになる．

上述の制御システムのブロック線図を図 5-8 に示す．図 5-8 に示すように，コントローラ部におけるフィードバック信号は，重りを原点に止める場合のフィードバック信号（図 5-6）とまったく同じ形となっている．原点に止める場合と異なるのは，アクチュエータの入力電圧にフィードバック信号だけでなく一定値（$r_d=2d$）を加えることのみである．

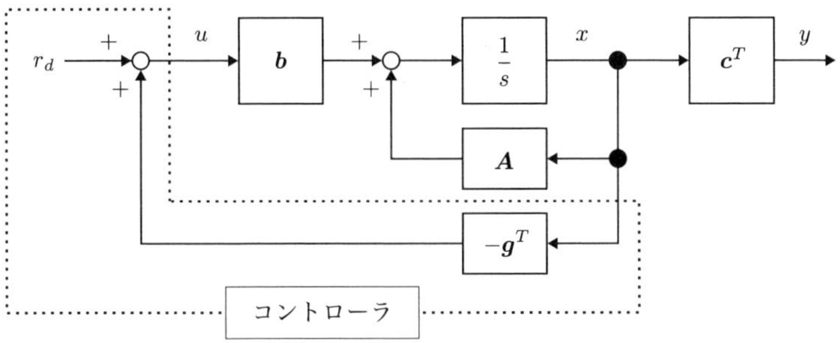

図 5-8 重りが指定した位置に止まる状態フィードバック制御システム

例題 5.7 運動方程式が

$$\ddot{x}(t) + \dot{x}(t) + x(t) = 2u(t) \tag{5.90}$$

で与えられるシステムを考えよう．そして，次の設計目的を達成できるコントローラを設計してみよう．

$$\lim_{t\to\infty} x(t) = d, \quad d : \text{定数} \tag{5.91}$$

解答 状態ベクトル $\boldsymbol{x}(t) = [x(t), \dot{x}(t)]^T$ の原点を漸近安定化しても設計目的 (5.91) 式は達成されない．そこで，零に収束したとき設計目的が達成できる新しい状態を定義することを考える．まず，新しい信号 $z(t)$ を

$$z(t) = x(t) - d \tag{5.92}$$

で与えてみる．明らかに信号 $z(t)$ が零に収束すれば設計目的が達成されることがわかる．この新しい信号 $z(t)$ を用いたとき，システムの運動方程式は (5.90) 式より，

$$\ddot{z}(t) + \dot{z}(t) + z(t) = 2u(t) - d \tag{5.93}$$

となる．新しい状態ベクトルを $\boldsymbol{w}(t) = [z(t), \dot{z}(t)]^T$ とし，出力を $y(t) = z(t)$ とすれば，システム方程式は次式で与えられる．

$$\left.\begin{aligned}&\dot{\boldsymbol{w}}(t)=\boldsymbol{A}\boldsymbol{w}(t)+\boldsymbol{b}\left(u(t)-\frac{1}{2}d\right)\\&y(t)=\boldsymbol{c}^T\boldsymbol{w}(t)\\&\boldsymbol{A}=\begin{bmatrix}0&1\\-1&-1\end{bmatrix},\ \boldsymbol{b}=\begin{bmatrix}0\\2\end{bmatrix},\ \boldsymbol{c}=\begin{bmatrix}1\\0\end{bmatrix}\end{aligned}\right\}\tag{5.94}$$

このシステムが可制御であることを考慮に入れ，制御システムの固有値が -2，-2 となるコントローラを設計してみよう．

入力を

$$u(t)=-\boldsymbol{g}^T\boldsymbol{w}(t)+\frac{1}{2}d,\ \ \boldsymbol{g}=[g_1,\,g_2]^T\tag{5.95}$$

の形で構成する．このとき，制御システム方程式は

$$\left.\begin{aligned}&\dot{\boldsymbol{w}}(t)=[\boldsymbol{A}-\boldsymbol{b}\boldsymbol{g}^T]\boldsymbol{w}(t)=\begin{bmatrix}0&1\\-2g_1-1&-2g_2-1\end{bmatrix}\boldsymbol{w}(t)\\&y(t)=\boldsymbol{c}^T\boldsymbol{w}(t)\end{aligned}\right\}\tag{5.96}$$

となる．この制御システムの固有方程式は

$$\det[sI-(\boldsymbol{A}-\boldsymbol{b}\boldsymbol{g}^T)]=s^2+(2g_2+1)s+(2g_1+1)=0\tag{5.97}$$

である．一方，固有値が -2，-2 となる固有方程式は

$$(s+2)^2=s^2+4s+4=0\tag{5.98}$$

であるので，フィードバックゲインを $\boldsymbol{g}=\left[\frac{3}{2},\frac{3}{2}\right]^T$ とすれば，制御システムの固有値が -2，-2 となることがわかる．以上より，設計目的を達成できるコントローラは

$$u(t)=-\left[\frac{3}{2},\frac{3}{2}\right]\boldsymbol{w}(t)+\frac{1}{2}d=-\frac{3}{2}x(t)-\frac{3}{2}\dot{x}(t)+2d\tag{5.99}$$

となる．

5.4　n 次システムの漸近安定化

前節までに一次システムと二次システムの漸近安定化法を例を用いて説明した．この一次システムと二次システムの漸近安定化法より，n 次システムの漸近安定化法を類推することができる．すなわち，

① n 次システム

$$\left.\begin{aligned}&\dot{\boldsymbol{x}}(t) = \boldsymbol{A}\boldsymbol{x}(t) + \boldsymbol{b}(u(t) - d)\\&y(t) = \boldsymbol{c}^T\boldsymbol{x}(t)\\&\boldsymbol{A} \in R^{n\times n},\ \ \boldsymbol{x}(t), \boldsymbol{b}, \boldsymbol{c} \in R^n,\ \ u(t), y(t), d \in R\end{aligned}\right\} \tag{5.100}$$

を考える．ここで，d は既知な定数である．

② 制御システム方程式が

$$\left.\begin{aligned}&\dot{\boldsymbol{x}}(t) = \bigstar\boldsymbol{x}(t)\\&y(t) = \boldsymbol{c}^T\boldsymbol{x}(t)\end{aligned}\right\} \tag{5.101}$$

の形となるように状態フィードバックコントローラを次式の形で与える．

$$u(t) = -\boldsymbol{g}^T\boldsymbol{x}(t) + d,\ \ \boldsymbol{g} = [g_1, \cdots, g_n]^T \tag{5.102}$$

③ 制御システム方程式

$$\left.\begin{aligned}&\dot{\boldsymbol{x}}(t) = [\boldsymbol{A} - \boldsymbol{b}\boldsymbol{g}^T]\boldsymbol{x}(t)\\&y(t) = \boldsymbol{c}^T\boldsymbol{x}(t)\end{aligned}\right\} \tag{5.103}$$

よりシステムの固有方程式を導出する．

$$\det[sI - (\boldsymbol{A} - \boldsymbol{b}\boldsymbol{g}^T)] = 0 \tag{5.104}$$

④ 設計者が指定する固有値 $-\lambda_i$（$i = 1, \cdots, n$）をもつ固有方程式

$$(s + \lambda_1)(s + \lambda_2)\cdots(s + \lambda_n) = 0 \tag{5.105}$$

と制御システムの固有方程式が一致するようにフィードバックゲイン $\boldsymbol{g}$ の各要素の値を定める．なお，システム (5.100) 式が可制御の場合には，制御

システムの固有値として設計者が指定する任意の固有値を設定することが可能であるが，可制御でない場合には，指定した固有値を実現できるフィードバックゲインが存在しない場合があるので注意を要する．

最後に，n 次システムの漸近安定化法を簡単に理解するために，三次システムの漸近安定化コントローラ設計の例題 5.8 を示しておく．

例題 5.8　次の三次システムを考えよう．

$$\left.\begin{aligned}&\dot{\boldsymbol{x}}(t) = \boldsymbol{A}\boldsymbol{x}(t) + \boldsymbol{b}u(t)\\&y(t) = \boldsymbol{c}^T\boldsymbol{x}(t)\\&\boldsymbol{A} = \begin{bmatrix} 0 & 1 & 0 \\ 0 & 0 & 1 \\ 0 & 0 & 0 \end{bmatrix},\ \boldsymbol{b} = \begin{bmatrix} 0 \\ 0 \\ 1 \end{bmatrix},\ \boldsymbol{c} = \begin{bmatrix} 1 \\ 0 \\ 0 \end{bmatrix}\end{aligned}\right\} \tag{5.106}$$

このシステムが可制御となっていることを考慮に入れ，設計目的

$$\lim_{t\to\infty} \boldsymbol{x}(t) = \begin{bmatrix} 0 \\ 0 \\ 0 \end{bmatrix} \tag{5.107}$$

が達成されるコントローラを設計してみよう．なお，制御システムの固有値を -1，-1，-1 とせよ．

解答　入力を

$$u(t) = -\boldsymbol{g}^T\boldsymbol{x}(t),\ \ \boldsymbol{g} = [g_1,\, g_2,\, g_3]^T \tag{5.108}$$

の形で構成する．このとき，制御システム方程式は

$$\dot{\boldsymbol{x}}(t) = [\boldsymbol{A} - \boldsymbol{b}\boldsymbol{g}^T]\boldsymbol{x}(t) = \begin{bmatrix} 0 & 1 & 0 \\ 0 & 0 & 1 \\ -g_1 & -g_2 & -g_3 \end{bmatrix}\boldsymbol{x}(t) \tag{5.109}$$

となる．この制御システムの固有方程式は

$$\det[sI - (\boldsymbol{A} - \boldsymbol{b}\boldsymbol{g}^T)] = s^3 + g_3 s^2 + g_2 s + g_1 = 0 \tag{5.110}$$

である．一方，固有値が -1，-1，-1 となる固有方程式は

$$(s+1)^2 = s^3 + 3s^2 + 3s + 1 = 0 \tag{5.111}$$

であるので，フィードバックゲインを $\boldsymbol{g} = [1, 3, 3]^T$ とすれば，制御システムの固有値が -1，-1，-1 となることがわかる．以上より，設計目的を達成できるコントローラは

$$u(t) = -[1, 3, 3]\boldsymbol{x}(t) \tag{5.112}$$

となる．

章末問題

1　次の一次システムを漸近安定化する（$\lim_{t\to\infty} x(t) = 0$ となる）コントローラを設計せよ．

$$\dot{x}(t) = 2x(t) + 5u(t) + \sin t \tag{5.113}$$

2　次の二次システムを考える．以下の問いに答えよ．

$$\ddot{x}(t) + \dot{x}(t) + 2x(t) = 2u(t) \tag{5.114}$$

(1) 出力を $y(t) = x(t)$ としたときに，状態ベクトル $\boldsymbol{x}(t) = [x(t), \dot{x}(t)]^T$ を用いてシステム方程式を導出せよ．

(2) $u(t) = 0$ としたときのシステムの固有値を求めよ．

(3) 制御システムの固有値が -2，-3 となるコントローラを設計せよ．

3　次の二次システムに関し，以下の問いに答えよ．

$$\ddot{x}(t) = u(t) \tag{5.115}$$

(1) 出力を $y(t) = x(t)$ としたときに，以下の各状態ベクトルを用いた場合のシステム方程式を求めよ．

a) $\boldsymbol{x}(t) = [x(t),\, \dot{x}(t)]^T$

b) $\boldsymbol{x}(t) = [x(t),\, 2\dot{x}(t)]^T$

c) $\boldsymbol{x}(t) = [x(t) + \dot{x}(t),\, \dot{x}(t)]^T$

(2) (1) で求められた各システムにおいて，制御システムの固有値が -1，-1 となるコントローラを設計せよ．

4 　次の運動方程式で表される二次システムを考える．以下の問いに答えよ．

$$\ddot{x}(t) + 2\dot{x}(t) = u(t) \tag{5.116}$$

(1) $\lim_{t\to\infty} z(t) = 0$ となったときに $\lim_{t\to\infty} x(t) = d$ （d：定数）となる信号 $z(t)$ を求めよ．

(2) (1) で求めた $z(t)$ を用いた運動方程式を導出せよ．

(3) 出力を $y(t) = z(t)$ としたときに，状態ベクトル $\boldsymbol{w}(t) = [z(t),\, \dot{z}(t)]^T$ を用いて (2) で求めた運動方程式で表現されるシステムのシステム方程式を導出せよ．

(4) (3) で求めたシステム方程式で表されるシステムにおいて，制御システムの固有値が -2，-3 となるコントローラを設計せよ．

5 　次の運動方程式で表される三次システムを考える．以下の問いに答えよ．

$$x^{(3)}(t) + x(t) = u(t) \tag{5.117}$$

(1) 新しい信号 $z(t) = x(t) - d$ （d：定数）を用いた運動方程式を求めよ．

(2) 出力を $y(t) = z(t)$ としたときに，状態ベクトル $\boldsymbol{w}(t) = [z(t),\, \dot{z}(t),\, \ddot{z}(t)]^T$ を用いて (1) で求めた運動方程式をシステム方程式で表現せよ．

(3) (2) で求めたシステム方程式で表されるシステムにおいて，制御システムの固有値が -1，-2，-3 となるコントローラを設計せよ．

第 6 章

出力フィードバックと状態オブザーバ

システムが可制御のとき，状態ベクトルのすべての要素が計測されていれば，状態フィードバック制御を用いてシステムを必ず漸近安定化できるということを前章で説明した．しかし，実際の場合には，作製した装置の状態ベクトルのすべての要素が計測されているわけではない．本章では，まず，計測されている信号を出力と考えて出力フィードバック制御を行ったとき，システムを漸近安定化できない場合や，設計者が希望する制御システムの固有値を実現できない場合が存在することを説明する．次に，この問題の一つの解決法として考案された状態オブザーバを説明する．

6.1　出力フィードバック

例として前章で用いた図 5-3 (p.87) の質量・バネ・ダンパシステムを考えてみよう．なお，図 5-3 のシステムにおいて，$m = 1$〔kg〕，$k = 0$〔N/m〕，$c = 1$〔Ns/m〕であるものとする（図 6-1 を参照）．このとき，(5.6) 式より運動方程式は次式で与えられる．なお，このシステムにおいて，重りの位置 $x(t)$ のみを計測器を用いて計測しているものとする．

$$\ddot{x}(t) + \dot{x}(t) = u(t) \tag{6.1}$$

出力を $y(t) = x(t)$ としたとき，状態ベクトル $\boldsymbol{x}(t) = [x(t), \dot{x}(t)]^T$ を用いれば，シ

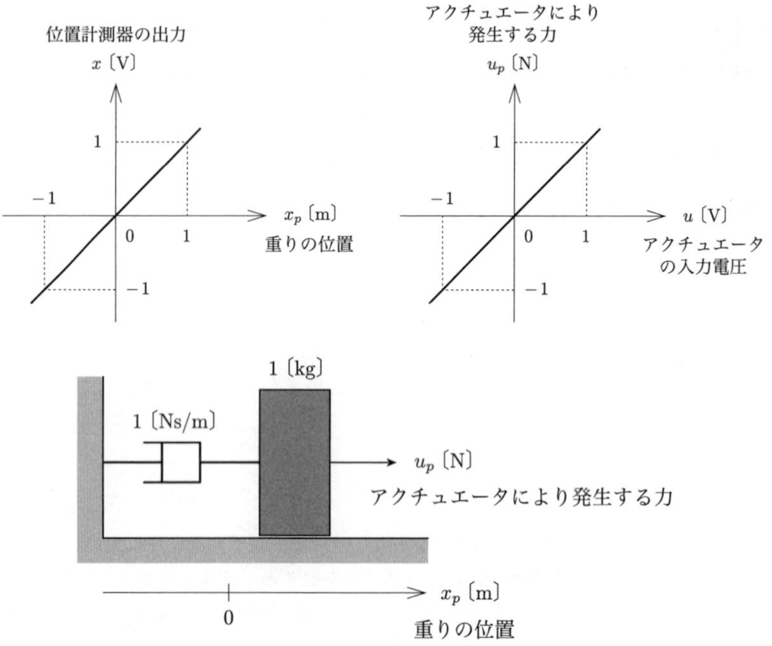

図 6-1　質量・ダンパシステム

ステム方程式は

$$\left.\begin{aligned} \dot{\boldsymbol{x}}(t) &= \boldsymbol{A}\boldsymbol{x}(t) + \boldsymbol{b}u(t) \\ y(t) &= \boldsymbol{c}^T\boldsymbol{x}(t) \\ \boldsymbol{A} &= \begin{bmatrix} 0 & 1 \\ 0 & -1 \end{bmatrix},\ \ \boldsymbol{b} = \begin{bmatrix} 0 \\ 1 \end{bmatrix},\ \ \boldsymbol{c} = \begin{bmatrix} 1 \\ 0 \end{bmatrix} \end{aligned}\right\} \tag{6.2}$$

となる．この質量・ダンパシステムに対し，計測している重りの位置 $y(t) = x(t)$ のみを用いて**出力フィードバック制御**を行ってみよう．

$$u(t) = -gy(t) \tag{6.3}$$

なお，g はフィードバックゲインである．

制御システム方程式は

$$\left.\begin{aligned}\dot{\boldsymbol{x}}(t) &= \begin{bmatrix} 0 & 1 \\ -g & -1 \end{bmatrix}\boldsymbol{x}(t) \\ y(t) &= \boldsymbol{c}^T\boldsymbol{x}(t)\end{aligned}\right\} \tag{6.4}$$

となり，制御システムの固有方程式は次式で与えられる．

$$\det\left[sI - \begin{bmatrix} 0 & 1 \\ -g & -1 \end{bmatrix}\right] = s^2 + s + g = 0 \tag{6.5}$$

ここで，第 4 章で紹介したフルヴィッツの安定判別法を用いれば，出力フィードバックゲイン g が $g > 0$ であれば制御システムが漸近安定となることがわかる．このことより，この例の場合には，出力フィードバック制御によりシステムを漸近安定化できることがわかる．しかし，設計者が指定できるパラメータが一つしかないので，指定される任意の二つの固有値を設定するのは不可能である．

次に，例題 6.1，6.2 を用いて，漸近安定化できる出力フィードバックゲイン g に上限がある場合と，漸近安定化できない場合を示しておく．

例題 6.1　図 6-1 の質量・ダンパシステムから離れて，入出力特性が

$$Y(s) = \frac{-2s+1}{s(s+5)}U(s) \tag{6.6}$$

で与えられる二次システムを考えてみよう．システム方程式は次式で与えられる．

$$\left.\begin{aligned}\dot{\boldsymbol{x}}(t) &= \begin{bmatrix} 0 & 1 \\ 0 & -5 \end{bmatrix}\boldsymbol{x}(t) + \begin{bmatrix} 0 \\ 1 \end{bmatrix}u(t) \\ y(t) &= [1, -2]\,\boldsymbol{x}(t)\end{aligned}\right\} \tag{6.7}$$

二次システム (6.7) 式を漸近安定化できる出力フィードバックコントローラを設計せよ．

解答　出力フィードバックコントローラを

$$u(t) = -gy(t) \tag{6.8}$$

とすれば，制御システム方程式は

$$\left.\begin{aligned}\dot{\boldsymbol{x}}(t) &= \begin{bmatrix} 0 & 1 \\ -g & -5+2g \end{bmatrix}\boldsymbol{x}(t) \\ y(t) &= [1, -2]\,\boldsymbol{x}(t)\end{aligned}\right\} \tag{6.9}$$

となり，制御システムの固有方程式は

$$s^2 + (5 - 2g)s + g = 0 \tag{6.10}$$

となる．フルヴィッツの安定判別法を用いると，出力フィードバックゲインが $\frac{5}{2} > g > 0$ の範囲にあれば制御システムが漸近安定となることがわかる．よって，求める解は

$$u(t) = -gy(t), \quad \frac{5}{2} > g > 0 \tag{6.11}$$

となる．

例題 6.2　システム方程式が次式で与えられる二次システムを考えよう．

$$\left.\begin{aligned} \dot{\boldsymbol{x}}(t) &= \begin{bmatrix} 0 & 1 \\ -1 & 0 \end{bmatrix} \boldsymbol{x}(t) + \begin{bmatrix} 0 \\ 1 \end{bmatrix} u(t) \\ y(t) &= [1, 0]\, \boldsymbol{x}(t) \end{aligned}\right\} \tag{6.12}$$

二次システム (6.12) 式を漸近安定化できる出力フィードバックコントローラを設計せよ．

解答　出力フィードバックコントローラを

$$u(t) = -gy(t) \tag{6.13}$$

とすれば，制御システム方程式は

$$\left.\begin{aligned} \dot{\boldsymbol{x}}(t) &= \begin{bmatrix} 0 & 1 \\ -g-1 & 0 \end{bmatrix} \boldsymbol{x}(t) \\ y(t) &= [1, 0]\, \boldsymbol{x}(t) \end{aligned}\right\} \tag{6.14}$$

となり，制御システムの固有方程式は

$$s^2 + (g + 1) = 0 \tag{6.15}$$

となる．フルヴィッツの安定判別法を用いれば，出力フィードバック制御では漸近安定化できないことがわかる．

6.2 状態オブザーバ

前節で示したように，状態ベクトル $\boldsymbol{x}(t)$ の一部の要素のみを用いた出力フィードバックコントローラでは，設計者が指定した固有値を実現できないという問題があった．もちろん，状態ベクトルのすべての要素を計測し，状態フィードバック制御を行えばこの問題が解決される．しかし，状態ベクトルのすべての要素を計測するには装置に計測器をつける必要があるが，次のような理由で計測器をつけない場合がある．

1) 計測するための計測器が存在していない．
2) 作製する装置のコストを下げるためになるべく計測器の数を減らしたい．

このような場合において，制御システムの固有値を設計者が指定する値にするための一つの方法として，状態ベクトルを推定する方法が存在する．以下では，この推定法を解説する．

〔1〕 システムが漸近安定の場合

状態ベクトルを推定するための**状態オブザーバ**の基本的な考え方を説明する．例として図 5-3 (p.87) の質量・バネ・ダンパシステムを考えてみよう．なお，図 5-3 のシステムにおいて，$m = 1$〔kg〕，$k = 10$〔N/m〕，$c = 2$〔Ns/m〕であるものとする（図 6-2 を参照）．このとき，(5.6) 式より，システムの運動方程式は

$$\ddot{x}(t) + 2\dot{x}(t) + 10x(t) = u(t) \tag{6.16}$$

となる．出力を $y(t) = x(t)$ としたとき，状態ベクトル $\boldsymbol{x}(t) = [x(t), \dot{x}(t)]$ を用いれば，システム方程式は，

$$\left.\begin{aligned} &\dot{\boldsymbol{x}}(t) = \boldsymbol{A}\boldsymbol{x}(t) + \boldsymbol{b}u(t) \\ &y(t) = \boldsymbol{c}^T\boldsymbol{x}(t) \\ &\boldsymbol{A} = \begin{bmatrix} 0 & 1 \\ -10 & -2 \end{bmatrix},\ \boldsymbol{b} = \begin{bmatrix} 0 \\ 1 \end{bmatrix},\ \boldsymbol{c} = \begin{bmatrix} 1 \\ 0 \end{bmatrix} \end{aligned}\right\} \tag{6.17}$$

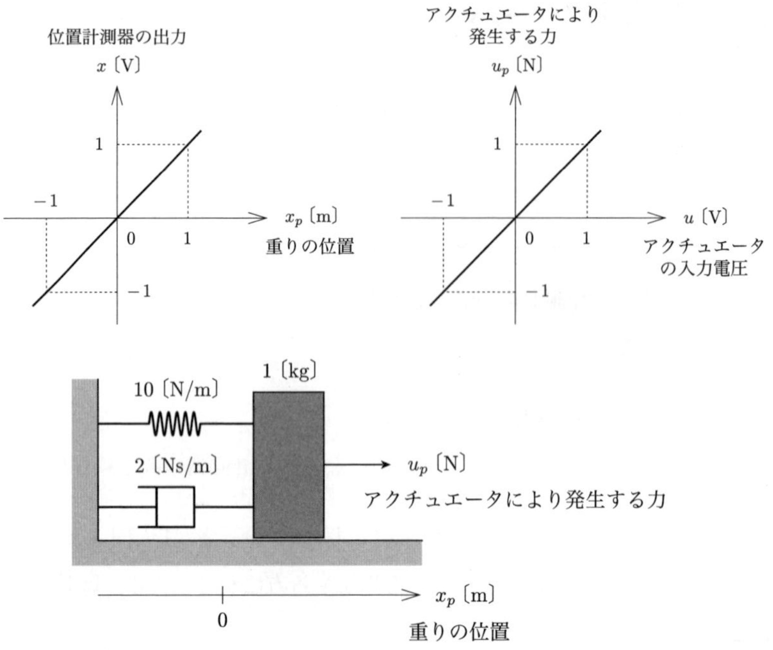

図6-2　質量・バネ・ダンパシステム

となる．$u(t)=0$ の場合，システムの固有値は $-1+3j$，$-1-3j$ である．すべての固有値の実数部が負であるので，システム (6.17) 式は漸近安定である．$u(t)$ は設計者が与える入力電圧であるので，この情報と重りの位置 $x(t)$ の計測値を用いて状態ベクトル $\boldsymbol{x}(t)$ を推定する方法を考える．以下では，状態ベクトル $\boldsymbol{x}(t)$ の**状態推定ベクトル**を $\widehat{\boldsymbol{x}}(t)$ で表すことにする．

システムの状態空間表現がわかっているので，この構造とまったく同じシステムを構成して状態ベクトルを推定することを考えてみよう（図6-3を参照）．すなわち，システムの状態ベクトル $\boldsymbol{x}(t)$ を推定するための状態オブザーバを

$$\left.\begin{array}{l} \dot{\widehat{\boldsymbol{x}}}(t)=\boldsymbol{A}\widehat{\boldsymbol{x}}(t)+\boldsymbol{b}u(t) \\ \widehat{y}(t)=\boldsymbol{c}^T\widehat{\boldsymbol{x}}(t) \\ \boldsymbol{A}=\begin{bmatrix} 0 & 1 \\ -10 & -2 \end{bmatrix},\ \ \boldsymbol{b}=\begin{bmatrix} 0 \\ 1 \end{bmatrix},\ \ \boldsymbol{c}=\begin{bmatrix} 1 \\ 0 \end{bmatrix} \end{array}\right\} \tag{6.18}$$

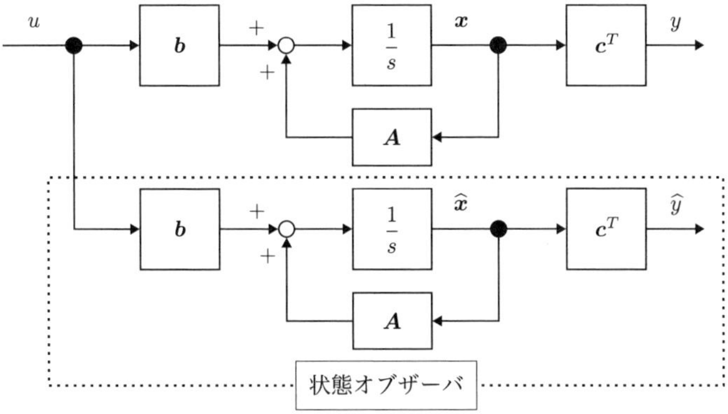

図 6-3 漸近安定なシステムに対する状態オブザーバ

で構成する．構造がシステム (6.17) 式とまったく同じであり，さらに，同じ入力電圧を印加しているので，状態推定ベクトル $\widehat{\boldsymbol{x}}(t)$ が質量・バネ・ダンパシステム (6.17) 式の状態ベクトルに一致することが予想される．このことを確かめるためには，**状態推定誤差** $\widetilde{\boldsymbol{x}}(t) = \boldsymbol{x}(t) - \widehat{\boldsymbol{x}}(t)$ の安定性を調べればよい．状態推定誤差が $\lim_{t\to\infty} \widetilde{\boldsymbol{x}}(t) = [0,0]^T$ となれば，状態推定ベクトル $\widehat{\boldsymbol{x}}(t)$ がシステムの状態ベクトル $\boldsymbol{x}(t)$ に一致することになる．状態推定誤差システム方程式は (6.17) 式，(6.18) 式より，

$$\left.\begin{aligned} \dot{\widetilde{\boldsymbol{x}}}(t) &= \begin{bmatrix} 0 & 1 \\ -10 & -2 \end{bmatrix} \widetilde{\boldsymbol{x}}(t) \\ \widetilde{y}(t) &= y(t) - \widehat{y}(t) = \boldsymbol{c}^T \widetilde{\boldsymbol{x}}(t) \end{aligned}\right\} \tag{6.19}$$

となる．状態推定誤差システムの固有値は $-1+3j$，$-1-3j$ であり，システム (6.17) 式の固有値と同じ固有値である．固有値の実数部が負であるので状態推定誤差システムの原点は漸近安定であり，$\lim_{t\to\infty} \widetilde{\boldsymbol{x}}(t) = [0,0]^T$ となることがわかる．以上に示した例のように，$u(t)=0$ の場合においてシステム自体の原点が漸近安定である場合には，システムとまったく同じ構造の状態オブザーバを構成し，入力をシステムと同じにすることにより，計測器を使うことなく状態ベクトルを推定できる．一般的な n 次システム

$$\left.\begin{array}{l}\dot{\boldsymbol{x}}(t)=\boldsymbol{A}\boldsymbol{x}(t)+\boldsymbol{b}u(t)\\ y(t)=\boldsymbol{c}^T\boldsymbol{x}(t)\\ \boldsymbol{A}\in R^{n\times n},\ \ \boldsymbol{x}(t),\boldsymbol{b},\boldsymbol{c}\in R^n,\ \ u(t),y(t)\in R\end{array}\right\} \tag{6.20}$$

においても，$u(t)=0$ のときシステムが漸近安定であれば，システムと同じ構造の状態オブザーバ

$$\left.\begin{array}{l}\dot{\widehat{\boldsymbol{x}}}(t)=\boldsymbol{A}\widehat{\boldsymbol{x}}(t)+\boldsymbol{b}u(t)\\ \widehat{y}(t)=\boldsymbol{c}^T\widehat{\boldsymbol{x}}(t)\\ \boldsymbol{A}\in R^{n\times n},\ \ \boldsymbol{x}(t),\boldsymbol{b},\boldsymbol{c}\in R^n,\ \ u(t),y(t)\in R\end{array}\right\} \tag{6.21}$$

を用いてシステムの状態ベクトル $\boldsymbol{x}(t)$ を推定することができる．

しかしながら，ここで説明した状態オブザーバには次の問題が存在する．

問題点

状態推定誤差システムの固有値を変更することができないので，状態推定誤差が小さくなる速さを変更することができない．

上述の質量・バネ・ダンパシステムの場合，状態推定誤差システムの固有値が複素数になるため，状態推定誤差が振動しながら小さくなっていくという問題も発生する．このことを数値シミュレーションを用いて確かめてみよう．図 6-2 の質量・バネ・ダンパシステムの重りが初期時刻に $x(0)=0.5$〔m〕の位置にあり，入力が $u(t)=3\sin t$ の場合の状態推定結果を図 6-4 に示す．図 6-4（a），（b）に重りの位置 $x(t)$，重りの速度 $v(t)=\dot{x}(t)$ と状態オブザーバ (6.18) 式により推定された状態ベクトル $\widehat{\boldsymbol{x}}(t)=[\widehat{x}(t),\,\widehat{v}(t)]^T$ の各要素の応答を示し，図 6-4（c），（d）に推定誤差 $\widetilde{x}(t)=x(t)-\widehat{x}(t)$，$\widetilde{v}(t)=v(t)-\widehat{v}(t)$ の応答を示す．

図 6-4（c），（d）に示すように，状態推定誤差応答が振動していることがわかる．このとき，推定値 $\widehat{x}(t)$，$\widehat{v}(t)$ の応答も振動的になっている．この状態推定ベクトルを用いて状態フィードバック制御を行った場合，状態推定ベクトル応答の振動の影響により制御システムの状態ベクトルの応答も振動的になることが予想され

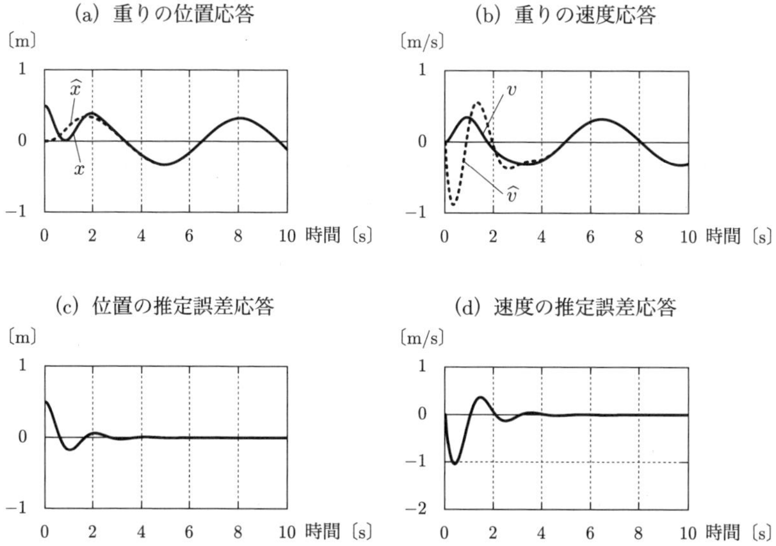

図 6-4　漸近安定なシステムに対する状態オブザーバの応答

る．もし，状態推定誤差システムの固有値を任意に配置できるのであれば，この問題を解決することができ，さらに，推定誤差の零への収束速度も変更できる．しかし，図 6-3 の状態オブザーバでは，状態推定誤差システムの固有値を任意に配置できない．

〔2〕 状態推定改善法

前項で説明したように，$u(t) = 0$ のときシステムの原点が漸近安定の場合には計測器を用いることなくシステムの状態ベクトルを推定できる．しかし，この方法には，「状態推定誤差が小さくなるスピードを変更することができない」という問題があった．さらに，$u(t) = 0$ としたときのシステムが漸近安定でない場合には適用できないという問題もある．ここでは，これらの問題を解決するための，状態オブザーバの設計法を図 6-2 の質量・バネ・ダンパシステムを用いて説明する．なお，図6-2のシステムにおいて，重りの位置 $x(t)$ のみを計測しているものとする．

システムが漸近安定な場合の状態オブザーバ（図6-3）の状態推定性能を改善するため，計測されている出力信号 $y(t) = \boldsymbol{c}^T\boldsymbol{x}(t)$ とその推定信号 $\widehat{y}(t) = \boldsymbol{c}^T\widehat{\boldsymbol{x}}(t)$ との推定誤差信号 $\widetilde{y}(t) = y(t) - \widehat{y}(t)$ を状態オブザーバにフィードバックすることを考えてみよう（図6-5を参照）．図6-5の $\boldsymbol{h}$ は設計者が指定する**オブザーバゲイン**である．

図6-2の質量・バネ・ダンパシステムを例として用いれば，図6-5の状態オブザーバのシステム方程式は

$$\left.\begin{array}{l} \dot{\widehat{\boldsymbol{x}}}(t) = \boldsymbol{A}\widehat{\boldsymbol{x}}(t) + \boldsymbol{h}\widetilde{y}(t) + \boldsymbol{b}u(t),\ \ \boldsymbol{h} = [h_1,\ h_2]^T \\ \widehat{y}(t) = \boldsymbol{c}^T\widehat{\boldsymbol{x}}(t),\ \ \widetilde{y}(t) = y(t) - \widehat{y}(t) \\ \boldsymbol{A} = \begin{bmatrix} 0 & 1 \\ -10 & -2 \end{bmatrix},\ \ \boldsymbol{b} = \begin{bmatrix} 0 \\ 1 \end{bmatrix},\ \ \boldsymbol{c} = \begin{bmatrix} 1 \\ 0 \end{bmatrix} \end{array}\right\} \tag{6.22}$$

となる．このとき，状態推定誤差システム方程式は (6.17) 式，(6.22) 式より，

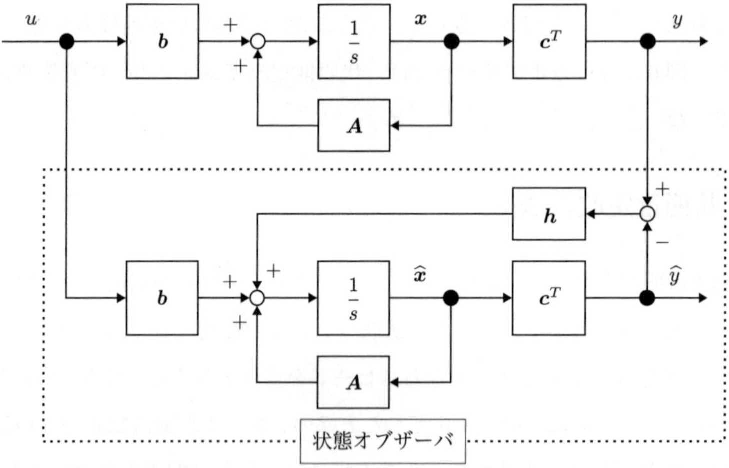

図6-5　状態オブザーバ

$$\left.\begin{aligned}\dot{\widetilde{\boldsymbol{x}}}(t) &= \boldsymbol{A}\widetilde{\boldsymbol{x}}(t) - \boldsymbol{h}\widetilde{y}(t)\\ &= [\boldsymbol{A} - \boldsymbol{h}\boldsymbol{c}^T]\widetilde{\boldsymbol{x}}(t)\\ &= \begin{bmatrix} -h_1 & 1 \\ -h_2 - 10 & -2 \end{bmatrix}\widetilde{\boldsymbol{x}}(t)\\ \widetilde{y}(t) &= \boldsymbol{c}^T\widetilde{\boldsymbol{x}}(t)\end{aligned}\right\} \tag{6.23}$$

で与えられる．状態推定誤差システムの固有方程式は次式となる．

$$\det\left[sI - \begin{bmatrix} -h_1 & 1 \\ -h_2 - 10 & -2 \end{bmatrix}\right] = s^2 + (h_1 + 2)s + (2h_1 + h_2 + 10) = 0 \tag{6.24}$$

例えば，固有値が -3，-4 となる固有方程式が $(s+3)(s+4) = s^2 + 7s + 12 = 0$ となることを考慮に入れれば，オブザーバゲインを $h_1 = 5$，$h_2 = -8$ とすれば状態推定誤差システムの固有値を -3，-4 にすることができる．ここで示した状態オブザーバでは，オブザーバゲイン $\boldsymbol{h}$ を用いて状態推定誤差システムの固有値を設計者の望みのままに設定できるという特徴がある．しかしながら，どのようなシステムに対しても固有値を任意に配置できるわけではない．

状態推定誤差システムの固有値

計測されている出力信号 $y(t)$ に関し，システムが可観測であるときのみ，任意に状態推定誤差システムの固有値を配置できる．

ここで考えている質量・バネ・ダンパシステム (6.17) 式において，重りの位置 $y(t) = x(t) = [1, 0]\boldsymbol{x}(t)$ が計測されている場合，可観測性行列の行列式が

$$\det\begin{bmatrix} 1 & 0 \\ 0 & 1 \end{bmatrix} = 1 \tag{6.25}$$

となり，システムが可観測となることを簡単に確かめることができる．

上述の状態オブザーバの設計法は一般的な n 次システムに対しても簡単に拡張できる．すなわち，n 次システム

$$\left.\begin{aligned} &\dot{\boldsymbol{x}}(t) = \boldsymbol{A}\boldsymbol{x}(t) + \boldsymbol{b}u(t) \\ &y(t) = \boldsymbol{c}^T\boldsymbol{x}(t) \\ &\boldsymbol{A} \in R^{n\times n},\ \ \boldsymbol{x}(t), \boldsymbol{b}, \boldsymbol{c} \in R^n,\ \ u(t), y(t) \in R \end{aligned}\right\} \tag{6.26}$$

において計測されている信号を $y(t)$ とする．このとき，システムが可観測であれば，状態オブザーバ

$$\left.\begin{aligned} &\dot{\widehat{\boldsymbol{x}}}(t) = \boldsymbol{A}\widehat{\boldsymbol{x}}(t) + \boldsymbol{b}u(t) + \boldsymbol{h}\widetilde{y}(t),\ \ \boldsymbol{h} = [h_1, h_2, \cdots, h_n]^T \\ &\widehat{y}(t) = \boldsymbol{c}^T\widehat{\boldsymbol{x}}(t),\ \ \widetilde{y}(t) = y(t) - \widehat{y}(t) \\ &\boldsymbol{A} \in R^{n\times n},\ \ \boldsymbol{x}(t), \boldsymbol{b}, \boldsymbol{c} \in R^n,\ \ u(t), y(t) \in R \end{aligned}\right\} \tag{6.27}$$

を用いたときの状態推定誤差システム

$$\left.\begin{aligned} &\dot{\widetilde{\boldsymbol{x}}}(t) = [\boldsymbol{A} - \boldsymbol{h}\boldsymbol{c}^T]\widetilde{\boldsymbol{x}}(t) \\ &\boldsymbol{A} \in R^{n\times n},\ \ \boldsymbol{x}(t), \boldsymbol{b}, \boldsymbol{c} \in R^n,\ \ u(t), y(t) \in R \end{aligned}\right\} \tag{6.28}$$

の固有値をオブザーバゲイン $\boldsymbol{h}$ を用いて任意に設定できる．

以上に説明してきたことを確かめるために，質量・バネ・ダンパシステム（図 6-2 を参照）の重りが初期時刻において初期速度 $v(0) = \dot{x}(0) = 0.5$〔m/s〕をもって動いている場合において，状態オブザーバ (6.22) 式を用いて状態を推定したときの数値シミュレーション結果を示しておく．なお，重りの初期位置は $x(0) = 0$〔m〕であり，入力は $u(t) = 3\sin t$ である．図 6-6 (a) に，重りの速度 $v(t) = \dot{x}(t)$ の応答と，状態推定誤差システム (6.23) 式の固有値を -1，-2 としたときと，-5，-6 としたときの重りの速度 $v(t) = \dot{x}(t)$ の推定信号 $\widehat{v}(t)$ の応答を示し，図 6-6 (b) に推定誤差 $\widetilde{v}(t) = v(t) - \widehat{v}(t)$ の応答を示す．

図 6-6 (b) に示すように，状態推定誤差システムの固有値を負の実数としているので，状態推定誤差応答は振動することなく零へ収束している．そして，固有値の絶対値を大きく設定することにより推定誤差 $\widetilde{v}(t)$ の零への収束速度が速くなることもわかる．

以下に，まず，計測されている信号に関してシステムが可観測でない場合，状態推定誤差システムの固有値を任意に設定できないことを例題 6.3 を用いて示す．次に，ここで紹介している状態オブザーバは不安定なシステムに対しても適用可能であることを例題 6.4 を用いて示しておく．

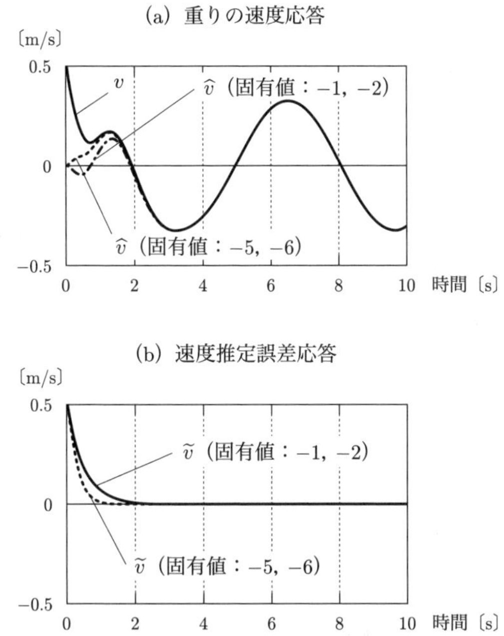

図 6-6　状態オブザーバの応答

例題 6.3　図 5-3（p.87）の質量・バネ・ダンパシステムを考えよう．なお，$m = 1$〔kg〕，$k = 0$〔N/m〕，$c = 2$〔Ns/m〕であり，重りの速度 $\dot{x}(t)$ のみを計測しているものとする．計測している信号を出力 $y(t) = \dot{x}(t)$ としたとき，システム方程式は

$$\left.\begin{aligned}&\dot{\boldsymbol{x}}(t) = \boldsymbol{A}\boldsymbol{x}(t) + \boldsymbol{b}u(t),\quad \boldsymbol{x}(t) = [x(t),\ \ \dot{x}(t)]^T\\&y(t) = \boldsymbol{c}^T\boldsymbol{x}(t)\\&\boldsymbol{A} = \begin{bmatrix} 0 & 1 \\ 0 & -2 \end{bmatrix},\ \ \boldsymbol{b} = \begin{bmatrix} 0 \\ 1 \end{bmatrix},\ \ \boldsymbol{c} = \begin{bmatrix} 0 \\ 1 \end{bmatrix}\end{aligned}\right\} \tag{6.29}$$

となる．状態オブザーバを設計せよ．

解答　このシステムの可観測性を調べておこう．可観測性行列は

$$\boldsymbol{U}_o = \begin{bmatrix} 0 & 1 \\ 0 & -2 \end{bmatrix} \tag{6.30}$$

であり，その行列式は $\det[\boldsymbol{U}_o] = 0$ となるので，システムは可観測ではない．いま考えているシステムにおいて，計測されている信号は重りの速度 $y(t) = \boldsymbol{c}^T \boldsymbol{x}(t)$ である．このとき，状態オブザーバは次式で与えられる．

$$\left.\begin{aligned} \dot{\widehat{\boldsymbol{x}}}(t) &= \begin{bmatrix} 0 & 1 \\ 0 & -2 \end{bmatrix} \widehat{\boldsymbol{x}}(t) + \begin{bmatrix} h_1 \\ h_2 \end{bmatrix} \widetilde{y}(t) + \begin{bmatrix} 0 \\ 1 \end{bmatrix} u(t) \\ \widehat{y}(t) &= \boldsymbol{c}^T \widehat{\boldsymbol{x}}(t), \ \ \widetilde{y}(t) = y(t) - \widehat{y}(t) \end{aligned}\right\} \tag{6.31}$$

状態推定誤差システムの状態空間表現は (6.29) 式，(6.31) 式より，

$$\begin{aligned} \dot{\widetilde{\boldsymbol{x}}}(t) &= \begin{bmatrix} 0 & 1 \\ 0 & -2 \end{bmatrix} \widetilde{\boldsymbol{x}}(t) - \begin{bmatrix} h_1 \\ h_2 \end{bmatrix} \widetilde{y}(t) \\ &= \begin{bmatrix} 0 & -h_1 + 1 \\ 0 & -h_2 - 2 \end{bmatrix} \widetilde{\boldsymbol{x}}(t) \end{aligned} \tag{6.32}$$

となり，状態推定誤差システムの固有方程式は $s^2 + (h_2 + 2)s = 0$ となる．オブザーバゲイン h_1，h_2 を用いてシステムの固有値の実部を負に設定することは不可能である．このように，可観測でないシステムに対しては，状態オブザーバを設計できない場合がある．

例題 6.4　入出力特性が

$$Y(s) = \frac{-2s + 1}{s^2 - 2s - 3} U(s) \tag{6.33}$$

で与えられる二次システムを考えてみよう．システム方程式は次式で与えられる．

$$\left.\begin{aligned} \dot{\boldsymbol{x}}(t) &= \begin{bmatrix} 0 & 1 \\ 3 & 2 \end{bmatrix} \boldsymbol{x}(t) + \begin{bmatrix} 0 \\ 1 \end{bmatrix} u(t) \\ y(t) &= [1, -2]\, \boldsymbol{x}(t) \end{aligned}\right\} \tag{6.34}$$

システムの固有値は 3，−1 であり，明らかにシステムの原点は不安定である．出力 $y(t)$ のみを計測している場合において，状態オブザーバを設計せよ．

解答　まず，このシステムの可観測性を調べておこう．可観測性行列は

$$\boldsymbol{U}_o = \begin{bmatrix} 1 & -2 \\ -6 & -3 \end{bmatrix} \tag{6.35}$$

であり，その行列式は $\det[\boldsymbol{U}_o] = -15$ となるので，システムは可観測である．このシステムに対し，図 6-5 と同じ状態オブザーバを構成すれば，そのシステム方程式は次式で与えられる．

$$\left.\begin{aligned} \dot{\widehat{\boldsymbol{x}}}(t) &= \begin{bmatrix} 0 & 1 \\ 3 & 2 \end{bmatrix} \widehat{\boldsymbol{x}}(t) + \begin{bmatrix} h_1 \\ h_2 \end{bmatrix} \widetilde{y}(t) + \begin{bmatrix} 0 \\ 1 \end{bmatrix} u(t) \\ \widehat{y}(t) &= \boldsymbol{c}^T \widehat{\boldsymbol{x}}(t), \quad \widetilde{y}(t) = y(t) - \widehat{y}(t) \end{aligned}\right\} \tag{6.36}$$

このとき，状態推定誤差システムの状態空間表現は (6.34) 式，(6.36) 式より，

$$\begin{aligned} \dot{\widetilde{\boldsymbol{x}}}(t) &= \begin{bmatrix} 0 & 1 \\ 3 & 2 \end{bmatrix} \widetilde{\boldsymbol{x}}(t) - \begin{bmatrix} h_1 \\ h_2 \end{bmatrix} \widetilde{y}(t) \\ &= \begin{bmatrix} -h_1 & 1 + 2h_1 \\ -h_2 + 3 & 2 + 2h_2 \end{bmatrix} \widetilde{\boldsymbol{x}}(t) \end{aligned} \tag{6.37}$$

で与えられる．状態推定誤差システムの固有方程式は $s^2 + (h_1 - 2h_2 - 2)s - 8h_1 + h_2 - 3 = 0$ となる．オブザーバゲイン h_1，h_2 を用いて固有多項式の係数を任意に設定できるので，固有値も任意に設定できることがわかる．例えば，固有値を -1，-1 となる固有方程式が $s^2 + 2s + 1 = 0$ となるので，$h_1 = -\dfrac{12}{15}$，$h_2 = -\dfrac{36}{15}$ とすれば，状態推定誤差システムの固有値が -1，-1 となることがわかる．

6.3　状態オブザーバを用いた状態フィードバック制御

ここでは，前節で紹介した状態オブザーバを用いて，状態ベクトルの一部の要素しか計測していないシステムの状態フィードバック制御法を説明する．例として，図 6-2 の質量・バネ・ダンパシステムを考えてみよう．運動方程式は次式で与えられる．なお，このシステムにおいて，重りの位置 $x(t)$ のみを計測器を用いて計測しているものとする．

$$\ddot{x}(t) + 2\dot{x}(t) + 10x(t) = u(t) \tag{6.38}$$

計測している信号を出力 $y(t)=x(t)$ としたとき，状態ベクトル $\boldsymbol{x}(t)=[x(t), \dot{x}(t)]^T$ を用いれば，システム方程式は

$$\left.\begin{aligned} &\dot{\boldsymbol{x}}(t) = \boldsymbol{A}\boldsymbol{x}(t) + \boldsymbol{b}u(t) \\ &y(t) = \boldsymbol{c}^T\boldsymbol{x}(t) \\ &\boldsymbol{A} = \begin{bmatrix} 0 & 1 \\ -10 & -2 \end{bmatrix},\ \boldsymbol{b} = \begin{bmatrix} 0 \\ 1 \end{bmatrix},\ \boldsymbol{c} = \begin{bmatrix} 1 \\ 0 \end{bmatrix} \end{aligned}\right\} \tag{6.39}$$

となる．計測している信号 $y(t)$ のみを用いて出力フィードバック制御を行っても，制御システムの固有値を任意に指定することはできない．この問題を解決するために，6.2節で紹介した状態オブザーバを用いてみよう．

$$\left.\begin{aligned} &\dot{\widehat{\boldsymbol{x}}}(t) = \boldsymbol{A}\widehat{\boldsymbol{x}}(t) + \boldsymbol{h}\widetilde{y}(t) + \boldsymbol{b}u(t),\ \ \boldsymbol{h} = [h_1,\ h_2]^T \\ &\widehat{y}(t) = \boldsymbol{c}^T\widehat{\boldsymbol{x}}(t),\ \ \widetilde{y}(t) = y(t) - \widehat{y}(t) \\ &\boldsymbol{A} = \begin{bmatrix} 0 & 1 \\ -10 & -2 \end{bmatrix},\ \boldsymbol{b} = \begin{bmatrix} 0 \\ 1 \end{bmatrix},\ \boldsymbol{c} = \begin{bmatrix} 1 \\ 0 \end{bmatrix} \end{aligned}\right\} \tag{6.40}$$

状態オブザーバにより推定された状態推定ベクトル $\widehat{\boldsymbol{x}}(t)$ を用いて状態フィードバックコントローラを次式で与える．

$$u(t) = -\boldsymbol{g}^T\widehat{\boldsymbol{x}}(t) = -\boldsymbol{g}^T\boldsymbol{x}(t) + \boldsymbol{g}^T\widetilde{\boldsymbol{x}}(t),\ \ \widetilde{\boldsymbol{x}}(t) = \boldsymbol{x}(t) - \widehat{\boldsymbol{x}}(t),\ \ \boldsymbol{g} = [g_1, g_2]^T \tag{6.41}$$

このとき，制御システム方程式は

$$\left.\begin{aligned} \dot{\boldsymbol{x}}(t) &= [\boldsymbol{A} - \boldsymbol{b}\boldsymbol{g}^T]\boldsymbol{x}(t) + \boldsymbol{b}\boldsymbol{g}^T\widetilde{\boldsymbol{x}}(t) \\ &= \begin{bmatrix} 0 & 1 \\ -g_1 - 10 & -g_2 - 2 \end{bmatrix}\boldsymbol{x}(t) + \boldsymbol{b}\boldsymbol{g}^T\widetilde{\boldsymbol{x}}(t) \\ y(t) &= \boldsymbol{c}^T\boldsymbol{x}(t) \\ \boldsymbol{A} &= \begin{bmatrix} 0 & 1 \\ -10 & -2 \end{bmatrix},\ \boldsymbol{b} = \begin{bmatrix} 0 \\ 1 \end{bmatrix},\ \boldsymbol{c} = \begin{bmatrix} 1 \\ 0 \end{bmatrix} \end{aligned}\right\} \tag{6.42}$$

となる．そして，状態推定誤差システム方程式は

$$\left.\begin{aligned} &\dot{\widetilde{\boldsymbol{x}}}(t) = [\boldsymbol{A} - \boldsymbol{h}\boldsymbol{c}^T]\widetilde{\boldsymbol{x}}(t) = \begin{bmatrix} -h_1 & 1 \\ -h_2 - 10 & -2 \end{bmatrix} \widetilde{\boldsymbol{x}}(t) \\ &\widetilde{y}(t) = \boldsymbol{c}^T \widetilde{\boldsymbol{x}}(t) \\ &\boldsymbol{A} = \begin{bmatrix} 0 & 1 \\ -10 & -2 \end{bmatrix}, \ \boldsymbol{b} = \begin{bmatrix} 0 \\ 1 \end{bmatrix}, \ \boldsymbol{c} = \begin{bmatrix} 1 \\ 0 \end{bmatrix} \end{aligned}\right\} \tag{6.43}$$

となる．(6.42) 式のシステムにおいて $\boldsymbol{g}^T\widetilde{\boldsymbol{x}}(t) = 0$ と仮定したときの固有方程式 $\det[sI - (\boldsymbol{A} - \boldsymbol{b}\boldsymbol{g}^T)] = s^2 + (g_2 + 2)s + (g_1 + 10) = 0$ を制御システムの固有方程式と呼び，その解を制御システムの固有値と呼ぶ．状態推定誤差システムの固有方程式は $\det[sI - (\boldsymbol{A} - \boldsymbol{h}\boldsymbol{c}^T)] = s^2 + (h_1 + 2)s + (2h_1 + h_2 + 10) = 0$ となる．フィードバックゲイン，ならびに，オブザーバゲインを用いて，それぞれのシステムの固有値を任意に設定できる．例えば，$h_1 = 0$，$h_2 = -9$ に設定すれば，状態推定誤差システムの固有値は -1，-1 となる．このとき，状態推定誤差システムの原点は漸近安定となり，$\lim_{t\to\infty} \widetilde{\boldsymbol{x}}(t) = [0, 0]^T$ となる．また，例えば $g_1 = 10$，$g_2 = 7$ と設定すれば，制御システムの固有値は -4，-5 となる．しかし，制御システム (6.42) 式の場合，推定誤差 $\widetilde{\boldsymbol{x}}(t)$ が外乱として作用するので，システムの原点の漸近安定性が明らかではない．制御システムの安定性を調べるため，システムの状態ベクトル $\boldsymbol{x}(t)$ と推定誤差 $\widetilde{\boldsymbol{x}}(t)$ の両方の状態を含んだ拡張状態ベクトル $\boldsymbol{x}_E(t) = [\boldsymbol{x}(t)^T, \widetilde{\boldsymbol{x}}(t)^T]^T$ を用いて制御システム全体を表現すれば

$$\left.\begin{aligned} &\dot{\boldsymbol{x}}_E(t) = \begin{bmatrix} \boldsymbol{A}_s & \boldsymbol{B}_s \\ 0 & \boldsymbol{A}_o \end{bmatrix} \boldsymbol{x}_E(t) \\ &\boldsymbol{A}_s = \boldsymbol{A} - \boldsymbol{b}\boldsymbol{g}^T, \ \boldsymbol{B}_s = \boldsymbol{b}\boldsymbol{g}^T, \ \boldsymbol{A}_o = \boldsymbol{A} - \boldsymbol{h}\boldsymbol{c}^T \end{aligned}\right\} \tag{6.44}$$

となる．制御システム全体の固有方程式は，1.2 節の関係式 7）より，

$$\det\left[sI - \begin{bmatrix} \boldsymbol{A}_s & \boldsymbol{B}_s \\ 0 & \boldsymbol{A}_o \end{bmatrix}\right] = \det[sI - \boldsymbol{A}_s]\det[sI - \boldsymbol{A}_o] = 0 \tag{6.45}$$

となる．制御システム全体の四つの固有値は，制御システムの二つの固有値 -4，-5 と状態推定誤差システムの二つの固有値 -1，-1 となる．このことより，制御システム全体は漸近安定であり $\lim_{t\to\infty} \boldsymbol{x}_E(t) = [0, 0, 0, 0]^T$ となることがわかる．以上より，制御システムも漸近安定であり，$\lim_{t\to\infty} \boldsymbol{x}(t) = [0, 0]^T$ となることがわかる．

制御システム全体のブロック線図を図6-7に示しておく．実際の装置においては，計測される出力 $y(t)$ を用いてコントローラの出力 $u(t)$ の値が計算機の中で計算されることになる．

制御システム全体を漸近安定化できたとしても，制御システム(6.42)式において，状態推定誤差 $\boldsymbol{b}\boldsymbol{g}^T\tilde{\boldsymbol{x}}(t)$ が外乱のような影響を与えていることを無視できない場合がある．状態推定誤差が零へ収束するスピードが遅ければ遅いほど，制御システムの状態ベクトル $\boldsymbol{x}(t)$ の応答に悪影響を及ぼすことになる．このため，フィードバックゲインを $g_1 = 10$，$g_2 = 7$ と設定しても，状態ベクトル $\boldsymbol{x}(t)$ の応答が，状態ベクトル $\boldsymbol{x}(t)$ をフィードバックすることにより得られる理想的なシステム

$$\dot{\boldsymbol{x}}(t) = [\boldsymbol{A} - \boldsymbol{b}\boldsymbol{g}^T]\boldsymbol{x}(t) = \begin{bmatrix} 0 & 1 \\ -20 & -9 \end{bmatrix} \boldsymbol{x}(t) \tag{6.46}$$

の応答とはかけ離れてしまう可能性がある．この問題を解決するには，次のことに注意する必要がある．

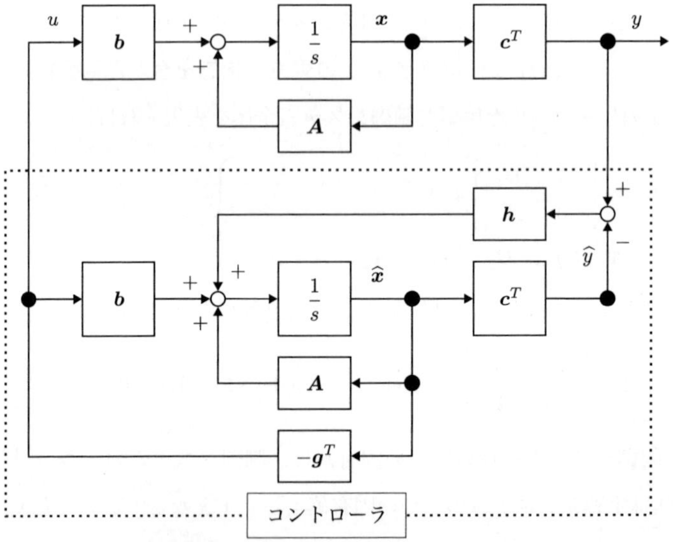

図6-7　制御システム全体のブロック線図

状態オブザーバを用いたシステムにおける注意事項

制御システムの固有値の絶対値より，状態推定誤差システムの固有値の絶対値が大きくなるように，制御システム全体を設計する必要がある．

一般的な n 次システム

$$\left.\begin{aligned}&\dot{\boldsymbol{x}}(t)=\boldsymbol{A}\boldsymbol{x}(t)+\boldsymbol{b}u(t)\\&y(t)=\boldsymbol{c}^T\boldsymbol{x}(t)\\&\boldsymbol{A}\in R^{n\times n},\ \ \boldsymbol{x}(t),\boldsymbol{b},\boldsymbol{c}\in R^n,\ \ u(t),y(t)\in R\end{aligned}\right\}\tag{6.47}$$

においても，状態オブザーバ

$$\left.\begin{aligned}&\dot{\widehat{\boldsymbol{x}}}(t)=\boldsymbol{A}\widehat{\boldsymbol{x}}(t)+\boldsymbol{b}u(t)+\boldsymbol{h}\widetilde{y}(t)\\&\widehat{y}(t)=\boldsymbol{c}^T\widehat{\boldsymbol{x}}(t),\ \ \widetilde{y}(t)=y(t)-\widehat{y}(t)\\&\boldsymbol{A}\in R^{n\times n},\ \ \boldsymbol{x}(t),\boldsymbol{b},\boldsymbol{c}\in R^n,\ \ u(t),y(t)\in R\end{aligned}\right\}\tag{6.48}$$

を用いて状態フィードバック制御

$$u(t)=-\boldsymbol{g}^T\widehat{x}(t)\tag{6.49}$$

を用いる場合には，上記の注意事項に留意する必要がある．

数値シミュレーションを用いて，状態推定誤差が零へ収束する速さが制御システムの状態に及ぼす悪影響をわかりやすく説明する．制御対象は図 6-2 の質量・バネ・ダンパシステムを考え，初期時刻において $x(0)=0$〔m〕, $v(0)=\dot{x}(0)=0.5$〔m/s〕の初期値をもっているものとする．まず，図 6-8 に，システム (6.39) 式において，状態ベクトル $\boldsymbol{x}(t)$ を用いた状態フィードバック制御

$$u(t)=-[10,7]\boldsymbol{x}(t)\tag{6.50}$$

を行ったときの重りの位置 $x(t)$ と速度 $v(t)$ の応答を示す．

次に，状態オブザーバ (6.40) 式を用いて (6.41) 式でフィードバック制御を行った場合に図 6-8 の理想応答を実現するための方法を考察してみよう．なお，以下の説明では，コントローラ (6.41) 式のフィードバックゲインは，$g_1=10$，$g_2=7$ である．

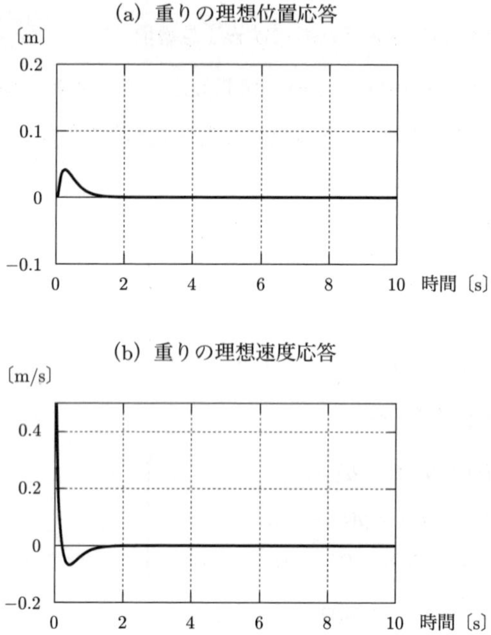

図 6-8　理想応答

図 6-9 に状態推定誤差システムの固有値を -1，-2（$h_1 = 1$，$h_2 = -10$）としたときの応答を示す．図 6-9（a），（b）に，重りの位置 $x(t)$ と速度 $v(t)$ の応答を示し，破線で図 6-8 の理想応答を示している．また，図 6-9（c），（d）に推定誤差応答を示している．図 6-9（c），（d）に示す推定誤差の影響により，図 6-9（a），（b）に示しているように，状態オブザーバを用いたときの重りの位置 $x(t)$ と速度 $v(t)$ の零への収束速度が，状態オブザーバを用いない理想応答よりもかなり遅くなっていることがわかる．

次に，図 6-10 に状態推定誤差システムの固有値を -4，-5（$h_1 = 7$，$h_2 = -4$）としたときの，重りの位置 $x(t)$ と速度 $v(t)$ の応答ならびに推定誤差応答を示す．この場合にも，状態推定誤差の影響により，図 6-10（a），（b）に示しているように，状態オブザーバを用いたときの重りの位置 $x(t)$ と速度 $v(t)$ の零への収束速

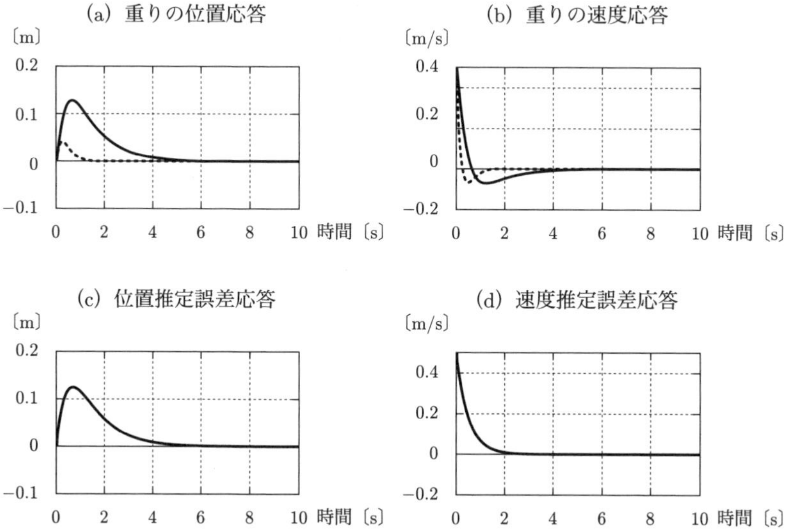

図 6-9　制御システム全体の応答（$h_1 = 1$，$h_2 = -10$）

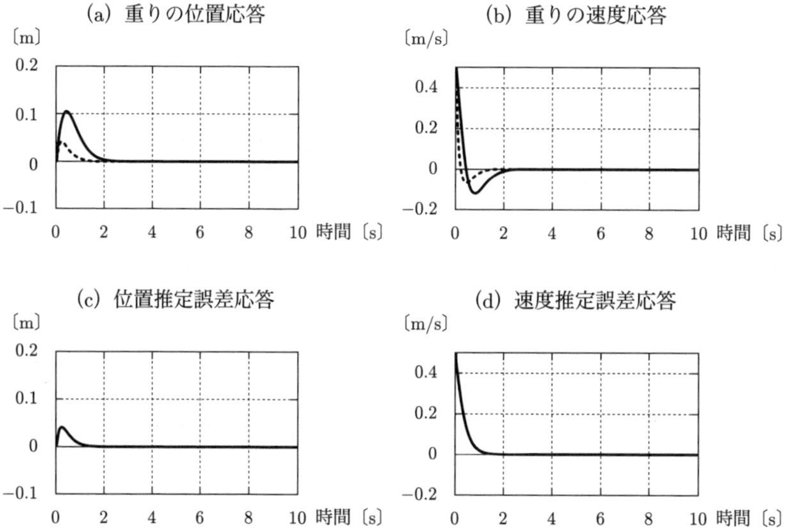

図 6-10　制御システム全体の応答（$h_1 = 7$，$h_2 = -4$）

度が，状態オブザーバを用いない理想応答よりも遅くなっている．ただし，状態推定誤差システムの固有値の絶対値を図 6-9 の場合より大きく設定しているので，図 6-10（a），（b）の応答のほうが理想応答に近づいている．

最後に，図 6-11 に状態推定誤差システムの固有値を -15，-16（$h_1 = 29$，$h_2 = 172$）としたときの，重りの位置 $x(t)$ と速度 $v(t)$ の応答ならびに推定誤差応答を示す．図 6-11（c），（d）の推定誤差応答の零への収束速度は図 6-8，図 6-9 の場合に比べ格段に速くなっている．図 6-11（a），（b）に示しているように，状態オブザーバを用いたときの重りの位置 $x(t)$ と速度 $v(t)$ の応答が，状態オブザーバを用いない場合の理想応答にかなり近づいていることがわかる．

以上，数値シミュレーション結果を用いて説明したように，状態オブザーバを用いない場合の制御システムの性能を実現するには，制御システムの固有値の絶対値より，状態推定誤差システムの固有値の絶対値が大きくなるように，制御システム全体を設計する必要がある．

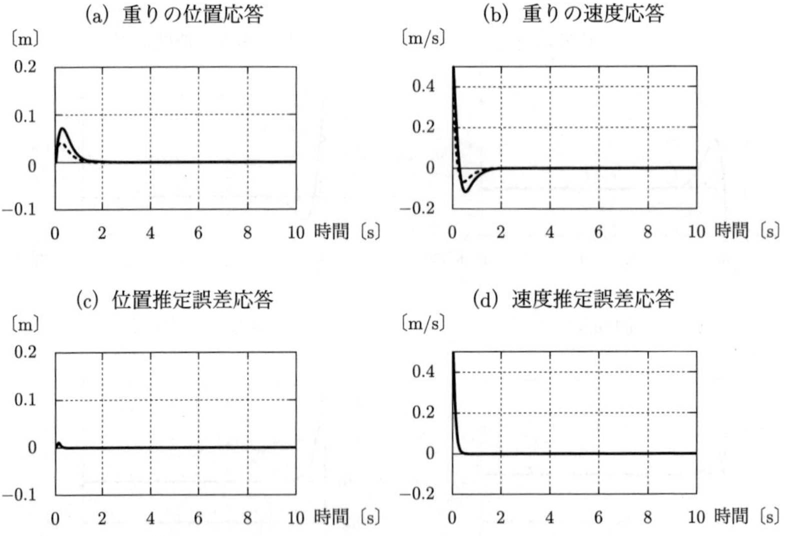

図 6-11　制御システム全体の応答（$h_1 = 29$，$h_2 = 127$）

章末問題

1　次のシステム方程式を用いて表される二次システムを考える．

$$\left.\begin{aligned}\dot{\boldsymbol{x}}(t) &= \boldsymbol{A}\boldsymbol{x}(t) + \boldsymbol{b}u(t)\\ y(t) &= \boldsymbol{c}^T\boldsymbol{x}(t)\\ \boldsymbol{A} &= \begin{bmatrix} 0 & 1 \\ 0 & -3 \end{bmatrix},\ \boldsymbol{b} = \begin{bmatrix} 0 \\ 1 \end{bmatrix},\ \boldsymbol{c} = \begin{bmatrix} 1 \\ -1 \end{bmatrix}\end{aligned}\right\} \tag{6.51}$$

出力フィードバックコントローラ $u(t) = -gy(t)$ を用いて制御を行ったとき，制御システムが漸近安定となるフィードバックゲインの範囲を求めよ．

2　次のシステム方程式を用いて表される三次システムを考える．

$$\left.\begin{aligned}\dot{\boldsymbol{x}}(t) &= \boldsymbol{A}\boldsymbol{x}(t) + \boldsymbol{b}u(t)\\ y(t) &= \boldsymbol{c}^T\boldsymbol{x}(t)\\ \boldsymbol{A} &= \begin{bmatrix} 0 & 1 & 0 \\ 0 & 0 & 1 \\ -a & -3 & -1 \end{bmatrix},\ \boldsymbol{b} = \begin{bmatrix} 0 \\ 0 \\ 1 \end{bmatrix},\ \boldsymbol{c} = \begin{bmatrix} 1 \\ 1 \\ 0 \end{bmatrix}\end{aligned}\right\} \tag{6.52}$$

出力フィードバックコントローラ $u(t) = -gy(t)$ を用いて制御を行ったとき，制御システムが漸近安定となるフィードバックゲイン g とパラメータ a の範囲を図示せよ．

3　次のシステム方程式を用いて表される二次システムを考える．出力 $y(t)$ のみを計測している場合において，以下の問いに答えよ．

$$\left.\begin{aligned}\dot{\boldsymbol{x}}(t) &= \boldsymbol{A}\boldsymbol{x}(t) + \boldsymbol{b}u(t)\\ y(t) &= \boldsymbol{c}^T\boldsymbol{x}(t)\\ \boldsymbol{A} &= \begin{bmatrix} 0 & 1 \\ 0 & -3 \end{bmatrix},\ \boldsymbol{b} = \begin{bmatrix} 0 \\ 1 \end{bmatrix},\ \boldsymbol{c} = \begin{bmatrix} 1 \\ 1 \end{bmatrix}\end{aligned}\right\} \tag{6.53}$$

(1) 可観測性を調べよ．

(2) 状態オブザーバを設計せよ．なお，状態推定誤差システムの固有値を -1，-2 に設定せよ．

4 次のシステム方程式を用いて表される三次システムを考える．出力 $y(t)$ のみを計測している場合において，以下の問いに答えよ．

$$\left.\begin{aligned}&\dot{\boldsymbol{x}}(t)=\boldsymbol{A}\boldsymbol{x}(t)+\boldsymbol{b}u(t)\\&y(t)=\boldsymbol{c}^T\boldsymbol{x}(t)\\&\boldsymbol{A}=\begin{bmatrix}0&1&0\\0&0&1\\0&0&0\end{bmatrix},\ \boldsymbol{b}=\begin{bmatrix}0\\0\\1\end{bmatrix},\ \boldsymbol{c}=\begin{bmatrix}1\\0\\0\end{bmatrix}\end{aligned}\right\}\tag{6.54}$$

(1) 可観測性を調べよ．

(2) 状態オブザーバを設計せよ．なお，状態推定誤差システムの固有値を -1, -1, -1 に設定せよ．

5 次のシステム方程式を用いて表される二次システムを考える．出力 $y(t)$ のみを計測している場合において，以下の問いに答えよ．

$$\left.\begin{aligned}&\dot{\boldsymbol{x}}(t)=\boldsymbol{A}\boldsymbol{x}(t)+\boldsymbol{b}u(t)\\&y(t)=\boldsymbol{c}^T\boldsymbol{x}(t)\\&\boldsymbol{A}=\begin{bmatrix}0&1\\0&0\end{bmatrix},\ \boldsymbol{b}=\begin{bmatrix}0\\1\end{bmatrix},\ \boldsymbol{c}=\begin{bmatrix}1\\0\end{bmatrix}\end{aligned}\right\}\tag{6.55}$$

(1) 状態オブザーバを設計せよ．なお，状態推定誤差システムの固有値を -3, -3 となるように設計せよ．

(2) (1) で設計された状態推定ベクトル $\hat{\boldsymbol{x}}(t)$ を用いた状態フィードバックコントローラを設計せよ．なお，制御システムの固有値を -1, -1 となるように設計せよ．

第 7 章

最適制御

第 5 章で説明したように，アクチュエータの入力許容電圧の制約などにより制御システムの固有値の絶対値を任意に大きくすることはできない．このため，ある程度の大きさの固有値に対して，例えば -2，-2 としたほうがよいのか，-1，-2 としたほうがよいのかなどを判断する必要が生じる．この問題に取り組むための一つの方法として，制御システムの固有値の値にはこだわらず，ある評価関数を最小化するコントローラ設計法が考案されている．このようなコントローラを用いたシステムのことを「最適制御システム」と呼んでいる．本章では，まず，最適制御システムの設計に必要となる行列方程式を説明し，その後，最適制御システムの設計法を解説する．

7.1 リカッチ方程式

制御対象をシステム方程式を用いて表現したときのシステム行列 $\boldsymbol{A}$，入力行列 $\boldsymbol{b}$，ならびに，**正定行列**と呼ばれる行列を用いて表現される**リカッチ方程式**の解を利用して最適制御システムが設計される．リカッチ方程式を説明するためには，正定行列に関する知識が必要となる．この節では，リカッチ方程式を説明する前に，まず正定行列を説明しておく．

〔1〕 正定行列

対称な $n \times n$ 行列に関し，次の特徴をもつ行列のことを正定行列と呼んでいる．

正定行列

任意の零でないベクトル $\boldsymbol{x} \in R^n$（$\boldsymbol{x} \neq [0, \cdots, 0]^T$）に対して，二次形式関数 $\boldsymbol{x}^T \boldsymbol{Q} \boldsymbol{x}$ が $\boldsymbol{x}^T \boldsymbol{Q} \boldsymbol{x} > 0$ の関係を満足する対称行列 $\boldsymbol{Q} \in R^{n \times n}$ を正定行列という．なお，正定行列は対称行列のみに定義されていることに注意する．

与えられた対称行列が正定行列であるかどうかを判定する簡単な方法を，例題 7.1～7.3 に示しておく．

例題 7.1　次の対称行列の正定性（正定行列であるかどうか）を調べよ．

$$\boldsymbol{Q} = \begin{bmatrix} 1 & 0 \\ 0 & 1 \end{bmatrix} \tag{7.1}$$

解答　対称行列 $\boldsymbol{Q}$ を用いた二次形式関数 $\boldsymbol{x}^T \boldsymbol{Q} \boldsymbol{x}$（$\boldsymbol{x} = [x_1, x_2]^T$）が任意の零でないベクトル $\boldsymbol{x}$（$\boldsymbol{x} \neq [0, 0]^T$）に対して正となるかどうかを調べればよい．二次形式関数 $\boldsymbol{x}^T \boldsymbol{Q} \boldsymbol{x}$ は任意の $\boldsymbol{x} \neq [0, 0]^T$ に対し，

$$\boldsymbol{x}^T \boldsymbol{Q} \boldsymbol{x} = x_1^2 + x_2^2 > 0 \tag{7.2}$$

の関係を満足する．(7.2) 式において，x_1 と x_2 が同時に零にならない限り二次形式関数 $\boldsymbol{x}^T \boldsymbol{Q} \boldsymbol{x}$ は常に正となるので，対称行列 (7.1) 式は正定行列である．

例題 7.2　次の対称行列の正定性を調べよ．

$$\boldsymbol{Q} = \begin{bmatrix} 1 & 1 \\ 1 & 1 \end{bmatrix} \tag{7.3}$$

解答　対称行列 $\boldsymbol{Q}$ を用いた二次形式関数 $\boldsymbol{x}^T \boldsymbol{Q} \boldsymbol{x}$（$\boldsymbol{x} = [x_1, x_2]^T$）が任意の零でないベクトル $\boldsymbol{x}$（$\boldsymbol{x} \neq [0, 0]^T$）に対して正となるかどうかを調べる．二次形式関数

$\boldsymbol{x}^T\boldsymbol{Q}\boldsymbol{x}$ は任意の $\boldsymbol{x} \neq [0,0]^T$ に対し,

$$\boldsymbol{x}^T\boldsymbol{Q}\boldsymbol{x} = x_1^2 + 2x_1x_2 + x_2^2 = (x_1 + x_2)^2 \geq 0 \tag{7.4}$$

の関係を満足する．二次形式関数 $\boldsymbol{x}^T\boldsymbol{Q}\boldsymbol{x}$ は常に零以上とはなるが，(7.4) 式に示すように，例えば $x_1 = 1$，$x_2 = -1$ のとき $\boldsymbol{x}^T\boldsymbol{Q}\boldsymbol{x} = 0$ となる．このことより，対称行列 (7.3) 式は正定行列ではないことがわかる．

例題 7.3 次の対称行列の正定性を調べよ．

$$\boldsymbol{Q} = \begin{bmatrix} 1 & 2 \\ 2 & 1 \end{bmatrix} \tag{7.5}$$

解答 二次形式関数 $\boldsymbol{x}^T\boldsymbol{Q}\boldsymbol{x}$ は

$$\boldsymbol{x}^T\boldsymbol{Q}\boldsymbol{x} = x_1^2 + 4x_1x_2 + x_2^2 = (x_1 + 2x_2)^2 - 3x_2^2 \tag{7.6}$$

の関係を満足する．(7.6) 式に示すように，例えば $x_1 = 2$，$x_2 = -1$ のとき $\boldsymbol{x}^T\boldsymbol{Q}\boldsymbol{x} = -3$ となる．このことより，対称行列 (7.5) 式は正定行列ではないことがわかる．

以上三つの例題を示した．対称行列が 2×2 行列であれば簡単に対称行列の正定性を判定することができる．しかし，対称行列の次数が大きくなると，上述の例題と同様にして対称行列の正定性を判定するのは困難となる．

この問題を解決するため，次数の大きな対称行列に対しても判定が可能な方法として**シルベスターの判別法**が提案されている．この方法では，対称行列の**主座小行列**の行列式の符号を調べるだけで正定性を判定できる．

シルベスターの判別法

$n \times n$ 対称行列 $\boldsymbol{Q}$ のすべての主座小行列式が正であれば $\boldsymbol{Q}$ は正定行列である．

ここで主座小行列とは次のように定義されている行列である．

主座小行列

$n \times n$ 行列 $\boldsymbol{Q}$ の第 1 行から第 r 行までを残し，それ以外の行を消去する．そして，第 1 列から第 r 列までを残し，それ以外の列を消去すれば，$r \times r$ の小行列が残る．この行列を $\boldsymbol{Q}(1, 2, \cdots, r)$ で表現する．この行列 $\boldsymbol{Q}(1, 2, \cdots, r)$ のことを r 次の主座小行列という．なお，$n \times n$ 行列 $\boldsymbol{Q}$ には n 個の主座小行列が存在する．

主座小行列を具体的な例を用いて示しておく．

1）2×2 行列の場合

$$\boldsymbol{Q} = \begin{bmatrix} q_{11} & q_{12} \\ q_{21} & q_{22} \end{bmatrix} \tag{7.7}$$

一次の主座小行列：$\boldsymbol{Q}(1) = [q_{11}]$

二次の主座小行列：$\boldsymbol{Q}(1, 2) = \boldsymbol{Q}$

2）3×3 行列の場合

$$\boldsymbol{Q} = \begin{bmatrix} q_{11} & q_{12} & q_{13} \\ q_{21} & q_{22} & q_{23} \\ q_{31} & q_{32} & q_{33} \end{bmatrix} \tag{7.8}$$

一次の主座小行列：$\boldsymbol{Q}(1) = [q_{11}]$

二次の主座小行列：$\boldsymbol{Q}(1, 2) = \begin{bmatrix} q_{11} & q_{12} \\ q_{21} & q_{22} \end{bmatrix}$

三次の主座小行列：$\boldsymbol{Q}(1, 2, 3) = \boldsymbol{Q}$

この主座小行列の行列式を用いて対称行列の正定性が判定される．

以下に例題 7.4，7.5 を用いて，シルベスターの判別法の利用法を示しておく．

例題 7.4　次の対称行列の正定性を調べよ．

$$\boldsymbol{Q} = \begin{bmatrix} 1 & -1 \\ -1 & 1 \end{bmatrix} \tag{7.9}$$

解答 主座小行列の行列式は

$$\det[\boldsymbol{Q}(1)] = \det[1] = 1, \quad \det[\boldsymbol{Q}(1,2)] = \det[\boldsymbol{Q}] = 0 \tag{7.10}$$

となる．主座小行列の行列式に零が含まれるので，対称行列 (7.9) 式は正定行列ではない．

例題 7.5 次の対称行列の正定性を調べよ．

$$\boldsymbol{Q} = \begin{bmatrix} 2 & -1 & 0 \\ -1 & 1 & 0 \\ 0 & 0 & 1 \end{bmatrix} \tag{7.11}$$

解答 主座小行列の行列式は

$$\left.\begin{aligned} &\det[\boldsymbol{Q}(1)] = \det[2] = 2 \\ &\det[\boldsymbol{Q}(1,2)] = \det\begin{bmatrix} 2 & -1 \\ -1 & 1 \end{bmatrix} = 1 \\ &\det[\boldsymbol{Q}(1,2,3)] = \det[\boldsymbol{Q}] = 1 \end{aligned}\right\} \tag{7.12}$$

となる．すべての主座小行列の行列式が零より大きくなっているので，対称行列 (7.11) 式は正定行列である．

〔2〕 リカッチ方程式

コントローラを設計するとき，作製した装置のシステム方程式

$$\left.\begin{aligned} &\dot{\boldsymbol{x}}(t) = \boldsymbol{A}\boldsymbol{x}(t) + \boldsymbol{b}u(t) \\ &y(t) = \boldsymbol{c}^T\boldsymbol{x}(t) \\ &\boldsymbol{A} \in R^{n\times n}, \quad \boldsymbol{b}, \boldsymbol{c} \in R^n, \quad u(t), y(t) \in R \end{aligned}\right\} \tag{7.13}$$

のシステム行列 $\boldsymbol{A}$，入力ベクトル $\boldsymbol{b}$ を含んだリカッチ方程式

$$\boldsymbol{A}^T\boldsymbol{P} + \boldsymbol{P}\boldsymbol{A} - r^{-1}\boldsymbol{P}\boldsymbol{b}\boldsymbol{b}^T\boldsymbol{P} = -\boldsymbol{Q}, \quad \boldsymbol{P}, \boldsymbol{Q} \in R^{n\times n}, \quad r \in R \tag{7.14}$$

がよく用いられる．行列 $\boldsymbol{Q}$ は設計者が定める正定行列であり，定数 r も設計者が定める正の定数である．行列 $\boldsymbol{P}$ はリカッチ方程式 (7.14) 式を満足する解と呼ばれている．このリカッチ方程式の解 $\boldsymbol{P}$ に関して，次の事実がよく知られている．

リカッチ方程式の解の特徴

システム (7.13) 式が可制御であれば，任意の正定行列 $\boldsymbol{Q}$ と任意の正の定数 r に対し，リカッチ方程式 (7.14) 式は実正定行列解（要素に複素数を含まないことを意味している）をもつ．一般に，リカッチ方程式は複数の解 $\boldsymbol{P}$ をもつが，解が実数の正定行列となるのは一つだけである．

リカッチ方程式の実正定行列解が後で紹介する最適制御システム設計において重要な役割を果たすことになる．以下に，例題 7.6 を用いてリカッチ方程式の解の特徴を確かめてみよう．

例題 7.6　可制御なシステム

$$\left.\begin{aligned} &\dot{\boldsymbol{x}}(t) = \boldsymbol{A}\boldsymbol{x}(t) + \boldsymbol{b}u(t) \\ &y(t) = \boldsymbol{c}^T\boldsymbol{x}(t) \\ &\boldsymbol{A} = \begin{bmatrix} 0 & 1 \\ 0 & 0 \end{bmatrix},\ \boldsymbol{b} = \begin{bmatrix} 0 \\ 1 \end{bmatrix},\ \boldsymbol{c} = \begin{bmatrix} 1 \\ 0 \end{bmatrix} \end{aligned}\right\} \tag{7.15}$$

に関するリカッチ方程式

$$\boldsymbol{A}^T\boldsymbol{P} + \boldsymbol{P}\boldsymbol{A} - r^{-1}\boldsymbol{P}\boldsymbol{b}\boldsymbol{b}^T\boldsymbol{P} = -\boldsymbol{Q},\ \ r = 1,\ \ \boldsymbol{Q} = \begin{bmatrix} 1 & 0 \\ 0 & 1 \end{bmatrix} \tag{7.16}$$

の実正定行列解を求めよ．

解答　正定行列解は対称行列である．正定行列解を求めたいので，解 $\boldsymbol{P}$ の形をあらかじめ対称行列

$$\boldsymbol{P} = \begin{bmatrix} p_1 & p_2 \\ p_2 & p_3 \end{bmatrix} \tag{7.17}$$

に限定して解の導出を試みる．

解 $\boldsymbol{P}$ (7.17) 式をリカッチ方程式 (7.16) 式左辺に代入すれば，

$$
\begin{aligned}
&\boldsymbol{A}^T\boldsymbol{P}+\boldsymbol{P}\boldsymbol{A}-r^{-1}\boldsymbol{P}\boldsymbol{b}\boldsymbol{b}^T\boldsymbol{P}\\
&\quad=\begin{bmatrix}0&1\\0&0\end{bmatrix}^T\begin{bmatrix}p_1&p_2\\p_2&p_3\end{bmatrix}+\begin{bmatrix}p_1&p_2\\p_2&p_3\end{bmatrix}\begin{bmatrix}0&1\\0&0\end{bmatrix}\\
&\qquad-\begin{bmatrix}p_1&p_2\\p_2&p_3\end{bmatrix}\begin{bmatrix}0\\1\end{bmatrix}[0,1]\begin{bmatrix}p_1&p_2\\p_2&p_3\end{bmatrix}\\
&\quad=\begin{bmatrix}-p_2^2&p_1-p_2p_3\\p_1-p_2p_3&2p_2-p_3^2\end{bmatrix}
\end{aligned}\tag{7.18}
$$

となる．行列 $\boldsymbol{P}$ がリカッチ方程式 (7.16) 式の解であるので，(7.18) 式がリカッチ方程式 (7.16) 式の右辺と等しくなる．すなわち，

$$
\begin{bmatrix}-p_2^2&p_1-p_2p_3\\p_1-p_2p_3&2p_2-p_3^2\end{bmatrix}=-\begin{bmatrix}1&0\\0&1\end{bmatrix}\tag{7.19}
$$

である．(7.19) 式を満足する p_i $(i=1,2,3)$ は次式の連立方程式を解くことにより求めることができる．

$$
\begin{cases}p_2^2=1 & (\alpha)\\ p_1-p_2p_3=0 & (\beta)\\ p_3^2-2p_2=1 & (\gamma)\end{cases}\tag{7.20}
$$

上式の (α) より，p_2 に関し，$p_2=1$，$p_2=-1$ の二つの解が存在することがわかる．p_2 の二つの解に対し，(7.20) 式の (γ) より，p_3 にはそれぞれ二つの解が存在することがわかる．

$p_2=1$ のとき，$p_3=\sqrt{3}$，$p_3=-\sqrt{3}$
$p_2=-1$ のとき，$p_3=j$，$p_3=-j$

$p_2=-1$ の場合には，解 p_3 は複素数となっている．いまここでは，行列の要素が実数となる解 $\boldsymbol{P}$ を求めようとしているので，複素数になる場合を無視して解析を続けよう．すなわち，$p_2=1$，$p_3=\sqrt{3}$ の場合と $p_2=1$，$p_3=-\sqrt{3}$ の場合の二つについて考える．それぞれの場合に対し，(7.20) 式の (β) より，p_1 に関し次の二

つの解が存在することがわかる.

$$p_2 = 1,\ p_3 = \sqrt{3} \text{のとき，} p_1 = \sqrt{3}$$
$$p_2 = 1,\ p_3 = -\sqrt{3} \text{のとき，} p_1 = -\sqrt{3}$$

すなわち，リカッチ方程式は次の二つの実行列解をもつ.

$$\boldsymbol{P} = \begin{bmatrix} \sqrt{3} & 1 \\ 1 & \sqrt{3} \end{bmatrix},\quad \boldsymbol{P} = \begin{bmatrix} -\sqrt{3} & 1 \\ 1 & -\sqrt{3} \end{bmatrix} \tag{7.21}$$

それぞれの正定性を調べれば，行列

$$\boldsymbol{P} = \begin{bmatrix} \sqrt{3} & 1 \\ 1 & \sqrt{3} \end{bmatrix} \tag{7.22}$$

が正定行列であり，行列

$$\boldsymbol{P} = \begin{bmatrix} -\sqrt{3} & 1 \\ 1 & -\sqrt{3} \end{bmatrix} \tag{7.23}$$

は正定行列ではないことを確かめることができる．すなわち，(7.22) 式がリカッチ方程式 (7.16) 式の実正定行列解である．上述の導出からも明らかなように，実正定行列解は一つしか存在しない.

7.2　最適制御システムの設計

可制御なシステム

$$\left.\begin{array}{l} \dot{\boldsymbol{x}}(t) = \boldsymbol{A}\boldsymbol{x}(t) + \boldsymbol{b}u(t) \\ y(t) = \boldsymbol{c}^T\boldsymbol{x}(t) \\ \boldsymbol{A} = \in R^{n\times n},\ \ \boldsymbol{b}, \boldsymbol{c} \in R^n,\ \ u(t), y(t) \in R \end{array}\right\} \tag{7.24}$$

を考える．このシステムに対して，評価関数

$$J = \int_0^\infty \left(\boldsymbol{x}(t)^T\boldsymbol{Q}\boldsymbol{x}(t) + ru(t)^2\right) dt \tag{7.25}$$

を最小とするコントローラを考えてみよう．なお，評価関数において，行列 $\boldsymbol{Q} \in R^{n\times n}$ は設計者が指定する正定行列であり，$r \in R$ も設計者が指定する正の

定数である．大雑把に説明すれば，状態のエネルギー $\boldsymbol{x}(t)^T\boldsymbol{Q}\boldsymbol{x}(t)$ と入力エネルギー $ru(t)^2$ を足して積分したものが評価関数として考えられている．状態と入力に対する重み $\boldsymbol{Q}$，r は設計者によって指定できる形になっている．この評価関数を最小にできるコントローラが設計できれば，設計者は，各エネルギーに対する重み $\boldsymbol{Q}$，r を変更しながら制御システムを設計することにより希望の制御性能を実現することができる．このことは，後で，図 6-1（p.116）に示すシステムを用いて詳しく説明する．

システム (7.24) 式に対して，評価関数 (7.25) 式を最小とするコントローラは，リカッチ方程式

$$\boldsymbol{A}^T\boldsymbol{P}+\boldsymbol{P}\boldsymbol{A}-r^{-1}\boldsymbol{P}\boldsymbol{b}\boldsymbol{b}^T\boldsymbol{P}=-\boldsymbol{Q} \tag{7.26}$$

の実正定行列解 $\boldsymbol{P}$ を用いて

$$u(t)=-\frac{1}{r}\boldsymbol{b}^T\boldsymbol{P}\boldsymbol{x}(t) \tag{7.27}$$

で与えられることが知られている．このコントローラを用いて制御を行ったとき，評価関数 (7.25) 式は最小となり，

$$J_{\min}=\boldsymbol{x}(0)^T\boldsymbol{P}\boldsymbol{x}(0) \tag{7.28}$$

で与えられる．最適制御システムの構成を図 7-1 に示しておく．図 7-1 の構成は，

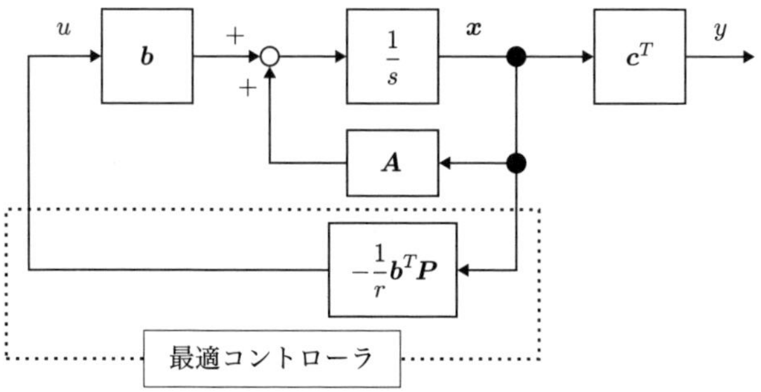

図 7-1　最適制御システムの構成

基本的に，図 5-6（p.101）に示した状態フィードバックコントローラを用いた制御システムの構成と同じである．

最適制御システムはコントローラ (7.27) 式を用いて構成されるのであるが，評価関数の重みの設定法がわからなければ，思いどおりの性能をもつ制御システムを設計することは困難である．次の項で評価関数設定法の一例を紹介する．

〔1〕 評価関数の重みの設定法

評価関数の重みの設定法を，図 6-1（p.116）の質量・ダンパシステムを例にして説明する．まず，評価関数を設定するのに必要となる関係式を示し，その関係式の利用法を理解してもらうために例題 7.7，7.8 を示す．

ベクトルと行列の積に関する関係式

1）2×2 行列と二次のベクトル $\boldsymbol{x} = [x_1,\, x_2]^T$ の場合

$$\begin{aligned}\boldsymbol{x}^T \begin{bmatrix} q_{11} & q_{12} \\ q_{21} & q_{22} \end{bmatrix} \boldsymbol{x} &= q_{11}x_1x_1 + q_{12}x_1x_2 + q_{21}x_2x_1 + q_{22}x_2x_2 \\ &= q_{11}x_1^2 + (q_{12} + q_{21})x_1x_2 + q_{22}x_2^2 \end{aligned} \tag{7.29}$$

2）3×3 行列と三次のベクトル $\boldsymbol{x} = [x_1,\, x_2,\, x_3]^T$ の場合

$$\begin{aligned}\boldsymbol{x}^T \begin{bmatrix} q_{11} & q_{12} & q_{13} \\ q_{21} & q_{22} & q_{23} \\ q_{31} & q_{32} & q_{33} \end{bmatrix} \boldsymbol{x} &= q_{11}x_1x_1 + q_{12}x_1x_2 + q_{13}x_1x_3 + q_{21}x_2x_1 \\ &\quad + q_{22}x_2x_2 + q_{23}x_2x_3 + q_{31}x_3x_1 + q_{32}x_3x_2 \\ &\quad + q_{33}x_3x_3 \\ &= q_{11}x_1^2 + (q_{12} + q_{21})x_1x_2 + (q_{13} + q_{31})x_1x_3 \\ &\quad + q_{22}x_2^2 + (q_{23} + q_{32})x_2x_3 + q_{33}x_3^2 \end{aligned} \tag{7.30}$$

3）$n \times n$ 行列と n 次のベクトル $\boldsymbol{x} = [x_1,\, \cdots, x_n]^T$ の場合

$$\boldsymbol{x}^T \begin{bmatrix} q_{11} & \cdots & q_{1n} \\ \vdots & \ddots & \vdots \\ q_{n1} & \cdots & q_{nn} \end{bmatrix} \boldsymbol{x} = \sum_{i=1}^{n} q_{ii}x_i^2 + \sum_{i=1}^{n-1} \sum_{j=i+1}^{n} (q_{ij} + q_{ji})x_ix_j \tag{7.31}$$

例題 7.7 次の関係を満足する対称行列 $\boldsymbol{Q}$ を求めよ．

$$(x_1+5x_2)^2=\boldsymbol{x}^T\boldsymbol{Q}\boldsymbol{x},\quad \boldsymbol{x}=[x_1,\,x_2]^T \tag{7.32}$$

解答 (7.29) 式の関係式を用いれば，対称行列 $\boldsymbol{Q}$ は次式で与えられる．

$$(x_1+5x_2)^2=x_1^2+10x_1x_2+25x_2^2=\boldsymbol{x}^T\begin{bmatrix}1 & 5\\ 5 & 25\end{bmatrix}\boldsymbol{x} \tag{7.33}$$

例題 7.8 次の関係を満足する対称行列 $\boldsymbol{Q}$ を求めよ．

$$q_1(x_1+x_2+x_3)^2+x_1^2+2x_2^2+3x_3^2=\boldsymbol{x}^T\boldsymbol{Q}\boldsymbol{x},\quad \boldsymbol{x}=[x_1,\,x_2,\,x_3]^T \tag{7.34}$$

解答 (7.30) 式の関係式を用いれば，対称行列 $\boldsymbol{Q}$ は次式で与えられる．

$$\begin{aligned}&q_1(x_1+x_2+x_3)^2+x_1^2+2x_2^2+3x_3^2\\&\quad=(1+q_1)x_1^2+2q_1x_1x_2+(2+q_1)x_2^2+2q_1x_2x_3+(3+q_1)x_3^2+2q_1x_3x_1\\&\quad=\boldsymbol{x}^T\begin{bmatrix}1+q_1 & q_1 & q_1\\ q_1 & 2+q_1 & q_1\\ q_1 & q_1 & 3+q_1\end{bmatrix}\boldsymbol{x}\end{aligned} \tag{7.35}$$

状態ベクトルを $\boldsymbol{x}(t)=[x(t),\dot{x}(t)]^T$ としたとき，図 6-1 の質量・ダンパシステムのシステム方程式は次式で与えられる．

$$\left.\begin{aligned}&\dot{\boldsymbol{x}}(t)=\boldsymbol{A}\boldsymbol{x}(t)+\boldsymbol{b}u(t)\\&y(t)=\boldsymbol{c}^T\boldsymbol{x}(t)\\&\boldsymbol{A}=\begin{bmatrix}0 & 1\\ 0 & -1\end{bmatrix},\quad \boldsymbol{b}=\begin{bmatrix}0\\ 1\end{bmatrix},\quad \boldsymbol{c}=\begin{bmatrix}1\\ 0\end{bmatrix}\end{aligned}\right\} \tag{7.36}$$

もちろん質量・ダンパシステムは可制御である．このシステムに対し，次の評価関数を考えてみよう．

$$J=\int_0^\infty\left(q_{11}x(t)^2+q_{22}(\dot{x}(t))^2+ru(t)^2\right)dt \tag{7.37}$$

ここで，q_{11}，q_{22}，r は設計者が定める正の定数であり，それぞれ，q_{11} は重りの位置 $x(t)$ に対する重みであり，q_{22} は重りの速度 $\dot{x}(t)$ に対する重みであり，r は

入力 $u(t)$ に対する重みである．関係式 (7.29) 式を用いれば，評価関数 (7.37) 式は

$$J = \int_0^{\infty} \left(\boldsymbol{x}(t)^T \boldsymbol{Q} \boldsymbol{x}(t) + r u(t)^2\right) dt, \quad \boldsymbol{Q} = \begin{bmatrix} q_{11} & 0 \\ 0 & q_{22} \end{bmatrix} \tag{7.38}$$

と表現でき，評価関数 (7.25) 式と同じ形となる．ここで，$q_{11} > 0$，$q_{22} > 0$ であれば，上式の行列 $\boldsymbol{Q}$ が正定行列となることもわかる．$\boldsymbol{Q}$ が正定行列で与えられたとき，システム (7.36) 式に関し評価関数 (7.37) 式を最小とするコントローラは，リカッチ方程式

$$\begin{bmatrix} 0 & 1 \\ 0 & -1 \end{bmatrix}^T \boldsymbol{P} + \boldsymbol{P} \begin{bmatrix} 0 & 1 \\ 0 & -1 \end{bmatrix} - r^{-1} \boldsymbol{P} \begin{bmatrix} 0 \\ 1 \end{bmatrix} [0, 1]\, \boldsymbol{P} = - \begin{bmatrix} q_{11} & 0 \\ 0 & q_{22} \end{bmatrix} \tag{7.39}$$

を満足する実正定行列解を用いて

$$u(t) = -\frac{1}{r}\, [0, 1]\, \boldsymbol{P} \boldsymbol{x}(t) \tag{7.40}$$

で与えられる．ここで問題となるのは，「評価関数の重み q_{11}，q_{22}，r を変化させた場合，コントローラ (7.40) 式を用いた最適制御システムの応答はどのように変化するのか？」ということである．重みを変えた場合の最適制御システムの応答変化がまったくわからなければ，重みの設定は不可能である．大雑把に説明すれば，重みと最適制御システムの応答変化には次のような関係がある．

1) q_{22} と r の値を固定して，q_{11} の値を大きくしたとき：
最適制御システムの重り位置応答 $x(t)$ の絶対値が速く小さくなる．一方，重り速度応答 $\dot{x}(t)$ ならびに入力応答 $u(t)$ の絶対値は大きくなる傾向がある．

2) q_{11} と r の値を固定して，q_{22} の値を大きくしたとき：
最適制御システムの重り速度応答 $\dot{x}(t)$ の絶対値が速く小さくなる．一方，重り位置応答 $x(t)$ ならびに入力応答 $u(t)$ の絶対値は大きくなる傾向がある．

3）q_{11} と q_{22} の値を固定して，r の値を大きくしたとき：
最適制御システムの入力応答 $u(t)$ の絶対値が小さくなる．一方，重り位置応答 $x(t)$ ならびに重り速度応答 $\dot{x}(t)$ の絶対値は大きくなる傾向がある．

すなわち，評価関数において，ある信号にかかっている重みを大きくしたとき，最適制御システムにおいてその信号の応答の絶対値が速く小さくなる．このことを考慮に入れて評価関数の重みを設定することにより，試行錯誤的ではあるが，設計者が希望する制御システムを設計することができる．

評価関数の重みと最適制御システムの応答との関係を数値シミュレーションを用いて確かめておこう．図 6-1 の質量・ダンパシステムに対し，最適制御 (7.40) 式を行った場合の最適制御システムの応答を図 7-2〜7-4 に示す．なお，初期状態は $x(0) = 0.5$〔m〕，$\dot{x}(0) = 0$〔m/s〕とした．

図 7-2 は評価関数 (7.37) 式において，重み q_{22} と r をそれぞれ $q_{22} = 1$，$r = 0.1$ に固定して，q_{11} を変化させた場合の重り位置応答，重り速度応答，入力応答を示している．この図に示すように，重み q_{11} の値を大きくしたとき，最適制御システムの重り位置応答 $x(t)$ の絶対値が速く小さくなり，重り速度応答 $\dot{x}(t)$ ならびに入力応答 $u(t)$ の絶対値は大きくなっている．

図 7-3 は評価関数 (7.37) 式において，重み q_{11} と r をそれぞれ $q_{11} = 1$，$r = 0.1$ に固定して，q_{22} を変化させた場合の重り位置応答，重り速度応答，入力応答を示している．この図に示すように，重み q_{22} の値を大きくしたとき，最適制御システムの重り速度応答 $\dot{x}(t)$ の絶対値が速く小さくなり，重り位置応答 $x(t)$ の零への収束が遅くなっている．しかし，入力応答 $u(t)$ の絶対値は，重み q_{22} の値を大きくしたとき，その最大値はほぼ 1.5 であり，大きくはなっていない．質量・ダンパシステムの構造を考慮すると，簡単にこのことを理解できる．すなわち，重み q_{22} の値が大きくなり重りの動く速度が遅くなったとき，重りを動かすのに必要なアクチュエータの力も小さくて済み，アクチュエータへの入力電圧も小さくてよい構造となっている．この例からわかることは，重みを大きくした信号の絶対値は小さくなるが，必ずしも重みを変化させない信号の絶対値が大きくなるとは限ら

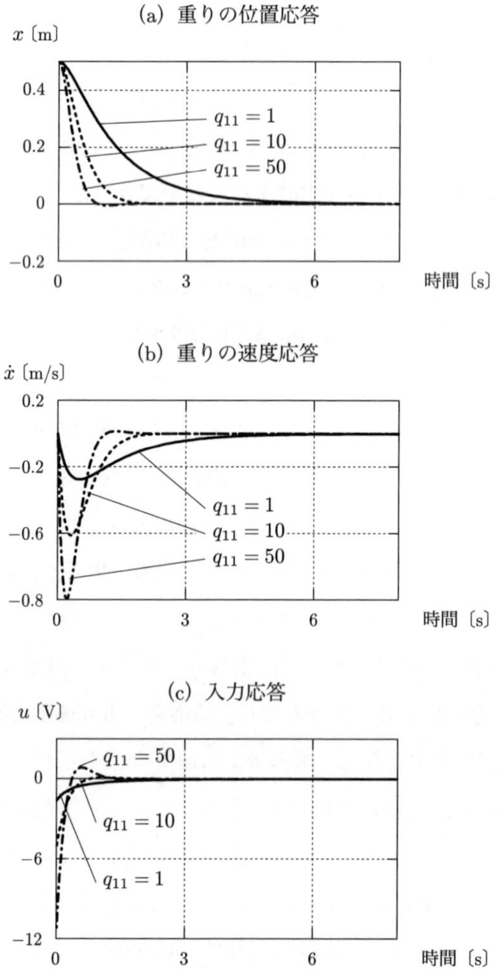

図 7-2　q_{11} を変化させたときの最適制御システムの応答

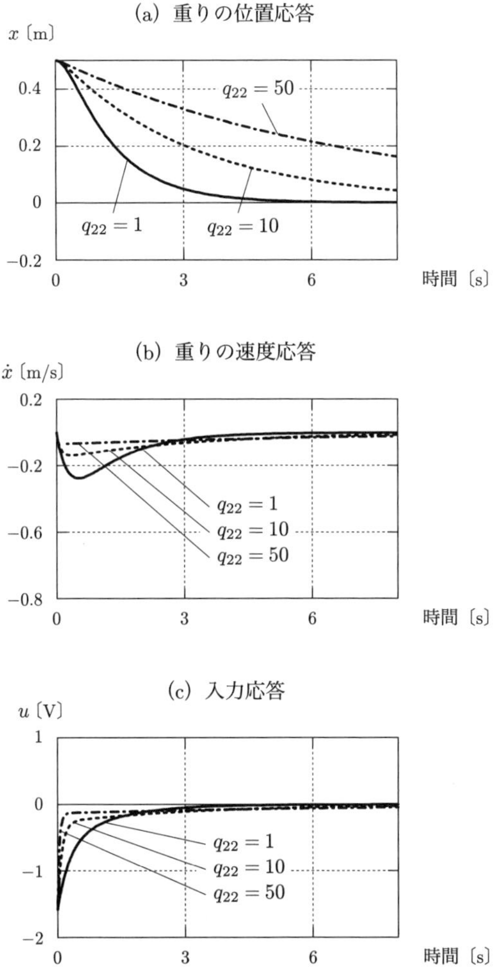

図 7-3　q_{22} を変化させたときの最適制御システムの応答

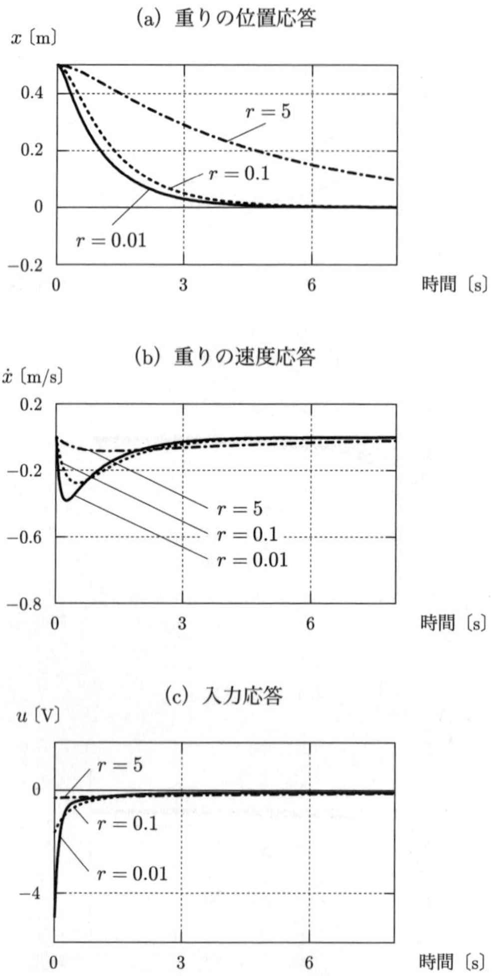

図 7-4　r を変化させたときの最適制御システムの応答

ないということである．この点に関しては，作製した装置の機構などを考慮に入れて考える必要がある．

図 7-4 は評価関数 (7.37) 式において，重み q_{11} と q_{22} をそれぞれ $q_{11}=1$，$q_{22}=1$ に固定して，r を変化させた場合の重り位置応答，重り速度応答，入力応答を示している．この図に示すように，重み r の値を大きくしたとき，最適制御システムの入力応答 $u(t)$ の絶対値が小さくなり，重り位置応答 $x(t)$ の零への収束速度が遅くなっている．しかし，速度応答 $\dot{x}(t)$ の絶対値は小さくなっている．

最適制御システムを設計するときの注意事項

実際に最適制御システムを設計する場合には，数値シミュレーションなどを用いて，評価関数の重みと制御システムの応答との関係を確かめておく必要がある．そして，重みと制御システムの応答の関係を考慮に入れ，試行錯誤的に最適制御システムを設計することになる．

〔2〕最適制御法を用いた加速度制御

図 6-1（p.116）の質量・ダンパシステムを例に考えてみよう．例えば，重りの部分に高性能計測器が取り付けられているものとする．そして，高性能がゆえに，計測器に大きな力（2 m/s^2 以上の加速度）がかかってしまうと故障するというシチュエーションを仮定する．この状況で，重りを原点（$x(t)=0$）に戻すコントローラを設計してみよう．

図 6-1 の質量・ダンパシステム

$$\left.\begin{aligned}&\dot{\boldsymbol{x}}(t)=\boldsymbol{A}\boldsymbol{x}(t)+\boldsymbol{b}u(t)\\&y(t)=\boldsymbol{c}^T\boldsymbol{x}(t)\\&\boldsymbol{A}=\begin{bmatrix}0&1\\0&-1\end{bmatrix},\ \boldsymbol{b}=\begin{bmatrix}0\\1\end{bmatrix},\ \boldsymbol{c}=\begin{bmatrix}1\\0\end{bmatrix}\end{aligned}\right\}\tag{7.41}$$

において，重りの加速度は

$$\ddot{x}(t)=-\dot{x}(t)+u(t)\tag{7.42}$$

である．ここでの設計目的は

設計目的

重りの加速度の絶対値を 2 m/s^2 未満に抑えたまま，重りを原点に移動させる．

であるが，第5章で紹介した状態フィードバック制御では，どのように制御システムの固有値を指定してよいのか見当がつかない．そこで，本章で説明している最適制御システムの設計法を応用して，設計目的を達成できるコントローラを設計してみよう．まず，評価関数 (7.37) 式に加速度に関する項 $q_a(\ddot{x}(t))^2$ を加えることを考えてみる．加速度に関する項は (7.42) 式より，$q_a(\ddot{x}(t))^2 = q_a(\dot{x}(t))^2 + q_a u(t)^2 - 2q_a\dot{x}(t)u(t)$ となる．加速度に関する項の展開式には $\dot{x}(t)u(t)$ の項が存在するので，加速度を評価関数 (7.37) 式に加えたとき，評価関数を (7.25) 式の形で表現することができない．このため，どのような評価関数を考えれば設計目的が達成できる最適制御システムになるのかが非常にわかりにくくなっている．最適制御法を簡単に応用するために，アクチュエータへの入力電圧 $u(t)$ を，次のように積分器を用いて生成することを考える（図 7-5 を参照）．

$$u(t) = \int_0^t \mu(\tau)d\tau \tag{7.43}$$

なお，$\mu(t)$ はアクチュエータへの入力電圧 $u(t)$ を生成するために導入した新しい入力信号である．ここで，質量・ダンパシステムに積分器を付加した拡大システ

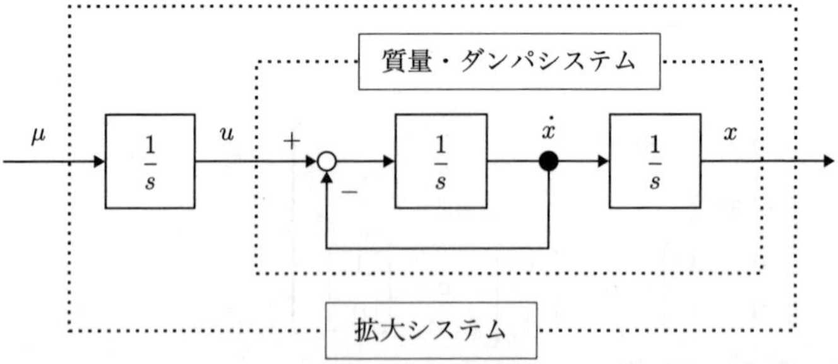

図 7-5　拡大システムのブロック線図

ムを，新しい状態ベクトル $\boldsymbol{z}(t) = [x(t),\, \dot{x}(t),\, u(t)]^T$ を用いて表現すれば，

$$\left.\begin{aligned} &\dot{\boldsymbol{z}}(t) = \boldsymbol{A}_z\boldsymbol{z}(t) + \boldsymbol{b}_z\mu(t) \\ &y(t) = \boldsymbol{c}_z^T\boldsymbol{z}(t) \\ &\boldsymbol{A}_z = \begin{bmatrix} 0 & 1 & 0 \\ 0 & -1 & 1 \\ 0 & 0 & 0 \end{bmatrix},\ \boldsymbol{b}_z = \begin{bmatrix} 0 \\ 0 \\ 1 \end{bmatrix},\ \boldsymbol{c}_z = \begin{bmatrix} 1 \\ 0 \\ 0 \end{bmatrix} \end{aligned}\right\} \tag{7.44}$$

となる．入力 $\mu(t)$ に関し，拡大システムは可制御となっている．いま，重りの加速度を加えた評価関数を

$$J = \int_0^\infty \left(q_{11}x(t)^2 + q_{22}(\dot{x}(t))^2 + q_a(\ddot{x}(t))^2 + r\mu(t)^2\right) dt \tag{7.45}$$

と置いてみよう．ここで，q_{11}，q_{22}，q_a，r は重みである．新しい状態 $\boldsymbol{z}(t)$ を用いれば，(7.45) 式右辺積分内第 1 項から第 3 項は

$$\left.\begin{aligned} &q_{11}x(t)^2 + q_{22}(\dot{x}(t))^2 + q_a(\ddot{x}(t))^2 \\ &\quad = q_{11}x(t)^2 + q_{22}(\dot{x}(t))^2 + q_a(-\dot{x}(t) + u(t))^2 \\ &\quad = q_{11}x(t)^2 + (q_{22} + q_a)(\dot{x}(t))^2 - 2q_a\dot{x}(t)u(t) + q_a u(t)^2 \\ &\quad = \boldsymbol{z}(t)^T\boldsymbol{Q}\boldsymbol{z}(t) \\ &\boldsymbol{Q} = \begin{bmatrix} q_{11} & 0 & 0 \\ 0 & q_{22} + q_a & -q_a \\ 0 & -q_a & q_a \end{bmatrix} \end{aligned}\right\} \tag{7.46}$$

と表現できる．対称行列 $\boldsymbol{Q}$ の導出には，(7.30) 式の関係を用いている．$q_{11} > 0$，$q_{22} > 0$，$q_a > 0$ であれば，行列 $\boldsymbol{Q}$ が正定行列となることを簡単に確かめることができる．評価関数 (7.45) 式を最小とするコントローラは，リカッチ方程式

$$\begin{aligned} &\begin{bmatrix} 0 & 1 & 0 \\ 0 & -1 & 1 \\ 0 & 0 & 0 \end{bmatrix}^T \boldsymbol{P} + \boldsymbol{P} \begin{bmatrix} 0 & 1 & 0 \\ 0 & -1 & 1 \\ 0 & 0 & 0 \end{bmatrix} - r^{-1}\boldsymbol{P} \begin{bmatrix} 0 \\ 0 \\ 1 \end{bmatrix} [0, 0, 1]\, \boldsymbol{P} \\ &\quad = - \begin{bmatrix} q_{11} & 0 & 0 \\ 0 & q_{22} + q_a & -q_a \\ 0 & -q_a & q_a \end{bmatrix} \end{aligned} \tag{7.47}$$

を満足する実正定行列解を用いて

$$\mu(t) = -\frac{1}{r}[0,0,1]\,\boldsymbol{P}\boldsymbol{z}(t) \tag{7.48}$$

で与えられる．このコントローラを用いた最適制御システムにおいて，特に重りの加速度に対する重み q_a の値を調整することにより，設計目的を達成できそうである．

ここで考えている質量・ダンパシステムにおいて，設計目的を達成することのできるコントローラが設計できることを数値シミュレーションを用いて確かめておこう．なお，初期状態は $x(0) = 0.5$〔m〕，$\dot{x}(0) = 0$〔m/s〕とした．

図 7-6 に試行錯誤的に重みを変えて設計した最適制御システムの応答を示す．なお，評価関数の重みはそれぞれ，$q_{11} = 1000$，$q_{22} = 1$，$q_a = 50$，$r = 0.01$ とした．図 7-6（a）に示すように，加速度の絶対値の最大値が 2 m/s² 未満に収まっていることがわかる．

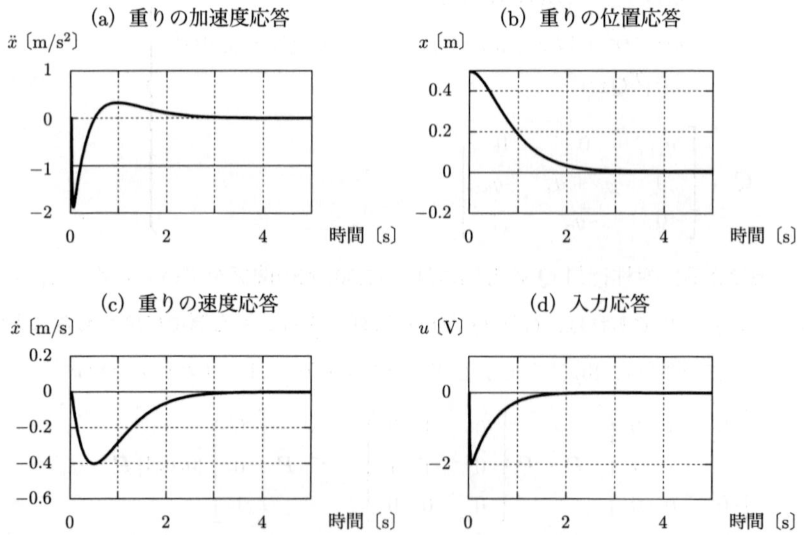

図 7-6　加速度を考慮した最適制御システムの応答

章末問題

1　次の対称行列の正定性を調べよ.

(1) $\boldsymbol{Q} = \begin{bmatrix} 2 & -2 \\ -2 & 2 \end{bmatrix}$

(2) $\boldsymbol{Q} = \begin{bmatrix} 1 & -1 & 0 \\ -1 & 2 & 1 \\ 0 & 1 & 2 \end{bmatrix}$

2　次の対称行列 $\boldsymbol{W}$ が正定行列となることを証明せよ. ただし, $\boldsymbol{Q} \in R^{n \times n}$ は正定行列であり, $\boldsymbol{b} \in R^n$ はベクトルである.

$$\boldsymbol{W} = \boldsymbol{Q} + \boldsymbol{b}\boldsymbol{b}^T \tag{7.49}$$

3　次のスカラー関数をベクトル $\boldsymbol{x}$ と対称行列 $\boldsymbol{Q}$ を用いて表現せよ.

(1) $2x_1^2 + 8x_1x_2 + x_2^2 = \boldsymbol{x}^T\boldsymbol{Q}\boldsymbol{x},\ \ \boldsymbol{x} = [x_1,\, x_2]^T$

(2) $x_1^2 + 2x_2^2 + 3x_2^2 + 4x_1x_2 + 6x_2x_3 = \boldsymbol{x}^T\boldsymbol{Q}\boldsymbol{x},\ \ \boldsymbol{x} = [x_1,\, x_2,\, x_3]^T$

4　次のリカッチ方程式の実正定行列解を求めよ.

$$\left.\begin{array}{l} \boldsymbol{A}^T\boldsymbol{P} + \boldsymbol{P}\boldsymbol{A} - \boldsymbol{P}\boldsymbol{b}\boldsymbol{b}^T\boldsymbol{P} = -\boldsymbol{Q} \\ \boldsymbol{A} = \begin{bmatrix} 0 & 1 \\ 1 & 0 \end{bmatrix},\ \ \boldsymbol{b} = \begin{bmatrix} 0 \\ 1 \end{bmatrix} \\ \boldsymbol{Q} = \begin{bmatrix} 3 & 0 \\ 0 & 1 \end{bmatrix} \end{array}\right\} \tag{7.50}$$

5　システム

$$\left.\begin{array}{l} \dot{\boldsymbol{x}}(t) = \boldsymbol{A}\boldsymbol{x}(t) + \boldsymbol{b}u(t) \\ y(t) = \boldsymbol{c}^T\boldsymbol{x}(t) \\ \boldsymbol{A} = \begin{bmatrix} 0 & 1 \\ 1 & 0 \end{bmatrix},\ \ \boldsymbol{b} = \begin{bmatrix} 0 \\ 1 \end{bmatrix},\ \ \boldsymbol{c} = \begin{bmatrix} 1 \\ 0 \end{bmatrix} \end{array}\right\} \tag{7.51}$$

において，リカッチ方程式

$$\left.\begin{aligned} &\boldsymbol{A}^T\boldsymbol{P}+\boldsymbol{P}\boldsymbol{A}-\boldsymbol{P}\boldsymbol{b}\boldsymbol{b}^T\boldsymbol{P}=-\boldsymbol{Q} \\ &\boldsymbol{A}=\begin{bmatrix} 0 & 1 \\ 1 & 0 \end{bmatrix},\ \ \boldsymbol{b}=\begin{bmatrix} 0 \\ 1 \end{bmatrix} \\ &\boldsymbol{Q}=\begin{bmatrix} 3 & 0 \\ 0 & 1 \end{bmatrix} \end{aligned}\right\} \tag{7.52}$$

の実正定行列解 $\boldsymbol{P}$ を用いて制御入力を

$$u(t)=-k\boldsymbol{b}^T\boldsymbol{P}\boldsymbol{x}(t) \tag{7.53}$$

の形で与えたとき，制御系が漸近安定となる k の範囲を求めよ．

章末問題の解答

第1章

[1] $\boldsymbol{A}(n\times n)$ とすると $\boldsymbol{B}(n\times n)$ である．

$$\begin{vmatrix} \boldsymbol{A} & \boldsymbol{B} \\ \boldsymbol{B} & \boldsymbol{A} \end{vmatrix} = \begin{vmatrix} \boldsymbol{A}-\boldsymbol{B} & \boldsymbol{B} \\ \boldsymbol{B}-\boldsymbol{A} & \boldsymbol{A} \end{vmatrix} = \begin{vmatrix} \boldsymbol{A}-\boldsymbol{B} & \boldsymbol{B} \\ 0 & \boldsymbol{A}+\boldsymbol{B} \end{vmatrix}$$

この操作に関して行列式の値は変化しないから，(1.30) 式により

$$\begin{vmatrix} \boldsymbol{A} & \boldsymbol{B} \\ \boldsymbol{B} & \boldsymbol{A} \end{vmatrix} = |\boldsymbol{A}-\boldsymbol{B}|\,|\boldsymbol{A}+\boldsymbol{B}|$$

[2]

(1) $|\boldsymbol{A}| = -1$

$$\mathrm{adj}\boldsymbol{A} = \begin{bmatrix} 5 & -2 & -3 \\ -3 & 1 & 2 \\ 0 & 0 & -1 \end{bmatrix}$$

$$\boldsymbol{A}^{-1} = -1\begin{bmatrix} 5 & -2 & -3 \\ -3 & 1 & 2 \\ 0 & 0 & -1 \end{bmatrix} = \begin{bmatrix} -5 & 2 & 3 \\ 3 & -1 & -2 \\ 0 & 0 & 1 \end{bmatrix}$$

(2) $|\boldsymbol{A}| = 27$

$$\mathrm{adj}\boldsymbol{A} = \begin{bmatrix} 3 & 6 & 6 \\ 6 & -6 & 3 \\ 6 & 3 & -6 \end{bmatrix}$$

$$\boldsymbol{A}^{-1} = \frac{1}{27}\begin{bmatrix} 3 & 6 & 6 \\ 6 & -6 & 3 \\ 6 & 3 & -6 \end{bmatrix} = \begin{bmatrix} \frac{1}{9} & \frac{2}{9} & \frac{2}{9} \\ \frac{2}{9} & -\frac{2}{9} & \frac{1}{9} \\ \frac{2}{9} & \frac{1}{9} & -\frac{2}{9} \end{bmatrix}$$

[3]

(1) $f(\lambda) = (\lambda-2)(\lambda-3) = 0$ から固有値は $\lambda = 2, 3$ である．

$\lambda = 2$ に対する固有ベクトルは，$v_{11} - 2v_{12} = 0$ から $\boldsymbol{v}_1 = [2, 1]^T$，$\lambda = 3$ に対する固

有ベクトルは，$v_{21} - v_{22} = 0$ から $\boldsymbol{v}_2 = [1, 1]^T$.

(2) $f(\lambda) = (\lambda+1)^2(\lambda-8) = 0$ から固有値は $\lambda = -1, 8$ で，$\lambda = -1$ は重根である．
$\lambda = 8$ に対する固有ベクトルは，$v_{11} - 4v_{12} + v_{13} = 0$，$4v_{11} + 2v_{12} - 5v_{13} = 0$ から $\boldsymbol{v}_1 = [2, 1, 2]^T$，$\lambda = -1$ に対する固有ベクトルは，$2v_{21} + v_{22} + 2v_{23} = 0$ から $\boldsymbol{v}_2 = [1, 0, -1]^T$，$\boldsymbol{v}_3 = [-1, 4, -1]$ とすることができる．

4

(1) $f(\lambda) = (\lambda-1)(\lambda+2)(\lambda-3) = 0$ から固有値は $\lambda = 1, -2, 3$.
$\lambda = 1$ に対する固有ベクトルは $\boldsymbol{v}_1 = [1, -1, -1]^T$，$\lambda = -2$ に対する固有ベクトルは $\boldsymbol{v}_2 = [11, 1, -14]^T$，$\lambda = 3$ に対する固有ベクトルは $\boldsymbol{v}_3 = [1, 1, 1]^T$.

$$\boldsymbol{T}^{-1}\boldsymbol{AT} = \frac{1}{30}\begin{bmatrix} 15 & -25 & 10 \\ 0 & 2 & -2 \\ 15 & 3 & 12 \end{bmatrix}\begin{bmatrix} 2 & -2 & 3 \\ 1 & 1 & 1 \\ 1 & 3 & -1 \end{bmatrix}\begin{bmatrix} 1 & 11 & 1 \\ -1 & 1 & 1 \\ -1 & -14 & 1 \end{bmatrix}$$
$$= \begin{bmatrix} 1 & 0 & 0 \\ 0 & -2 & 0 \\ 0 & 0 & 3 \end{bmatrix}$$

(2) $f(\lambda) = (\lambda-1)^2(\lambda-3) = 0$ から固有値は $\lambda = 1, 3$ で $\lambda = 1$ は重根.
$\lambda = 1$ に対する固有ベクトルは $\boldsymbol{v}_1 = [1, 1, 1]^T$ のみ．そこで $(\boldsymbol{A} - \lambda\boldsymbol{I})\boldsymbol{v}_2 = \boldsymbol{v}_1$ から $\boldsymbol{v}_2 = [0, 1, 2]^T$，$\lambda = 3$ に対する固有ベクトルは $\boldsymbol{v}_3 = [1, 3, 9]$.

$$\boldsymbol{T}^{-1}\boldsymbol{AT} = \frac{1}{4}\begin{bmatrix} 3 & 2 & -1 \\ -6 & 8 & -2 \\ 1 & -2 & 1 \end{bmatrix}\begin{bmatrix} 0 & 1 & 0 \\ 0 & 0 & 1 \\ 3 & -7 & 5 \end{bmatrix}\begin{bmatrix} 1 & 0 & 1 \\ 1 & 1 & 3 \\ 1 & 2 & 9 \end{bmatrix} = \begin{bmatrix} 1 & 1 & 0 \\ 0 & 1 & 0 \\ 0 & 0 & 3 \end{bmatrix}$$

5　$(\boldsymbol{T}^T\boldsymbol{A} + \boldsymbol{AT})^T = (\boldsymbol{T}^T\boldsymbol{A})^T + (\boldsymbol{AT})^T = \boldsymbol{A}^T\boldsymbol{T} + \boldsymbol{T}^T\boldsymbol{A}^T$．ここで $\boldsymbol{A}^T = \boldsymbol{A}$ だから，$(\boldsymbol{T}^T\boldsymbol{A} + \boldsymbol{AT})^T = \boldsymbol{AT} + \boldsymbol{T}^T\boldsymbol{A} = \boldsymbol{T}^T\boldsymbol{A} + \boldsymbol{AT}$．すなわち $\boldsymbol{T}^T\boldsymbol{A} + \boldsymbol{AT}$ は対称行列である．
$(\boldsymbol{T}^T\boldsymbol{AT})^T = \boldsymbol{T}^T\boldsymbol{A}^T(\boldsymbol{T}^T)^T = \boldsymbol{T}^T\boldsymbol{AT}$．したがって $\boldsymbol{T}^T\boldsymbol{AT}$ も対称行列である．

第2章

1

$$(s\boldsymbol{I} - \boldsymbol{A}) = \begin{bmatrix} s + \dfrac{R_m}{L_m} & 0 & \dfrac{k_e}{L_m} \\ 0 & s & -1 \\ -\dfrac{k_t}{J_m} & 0 & s \end{bmatrix}$$

$$(s\boldsymbol{I}-\boldsymbol{A})^{-1}=\frac{1}{s\left\{s\left(s+\frac{R_m}{L_m}\right)+\frac{k_e}{L_m}\frac{k_t}{J_m}\right\}}\begin{bmatrix} s^2 & 0 & -s\frac{k_e}{L_m} \\ \frac{k_t}{J_m} & s\left(s+\frac{R_m}{L_m}\right)+\frac{k_e}{L_m}\frac{k_t}{J_m} & s+\frac{R_m}{L_m} \\ s\frac{k_t}{J_m} & 0 & s\left(s+\frac{R_m}{L_m}\right) \end{bmatrix}$$

$$\begin{aligned}\boldsymbol{c}^T(s\boldsymbol{I}-\boldsymbol{A})^{-1}\boldsymbol{b}&=[0,1,0]\,(s\boldsymbol{I}=\boldsymbol{A})^{-1}\left[\frac{1}{L_m},0,0\right]^T\\&=\frac{\frac{k_t}{J_m}\frac{1}{L_m}}{s\left\{s\left(s+\frac{R_m}{L_m}\right)+\frac{k_e}{L_m}\frac{k_t}{J_m}\right\}}\end{aligned}$$

2 $(s\boldsymbol{I}-\boldsymbol{A})=\begin{bmatrix} s & 0 & -1 & 0 \\ 0 & s & 0 & -1 \\ 0 & \frac{3mg}{4M+m} & s & 0 \\ 0 & \frac{-3(M+m)g}{(4M+m)l} & 0 & s \end{bmatrix}$ について第 1 列について展開すれば,

$$|s\boldsymbol{I}-\boldsymbol{A}|=s\begin{vmatrix} s & 0 & -1 \\ \frac{3mg}{4M+m} & s & 0 \\ \frac{-3(M+m)g}{(4M+m)l} & 0 & s \end{vmatrix}=s^2\left\{s^2-\frac{3(M+m)g}{(4M+m)l}\right\}$$

$G(s)=\dfrac{\boldsymbol{c}^T\mathrm{adj}(s\boldsymbol{I}-\boldsymbol{A})\boldsymbol{b}}{|s\boldsymbol{I}-\boldsymbol{A}|}$ において $\boldsymbol{c}=[0,1,0,0]^T$, $\boldsymbol{b}=[0,0,b_3,b_4]^T$ だから $\mathrm{adj}(s\boldsymbol{I}-\boldsymbol{A})=[c_{ij}]$ とすれば, c_{23}, c_{24} のみを求めて $c_{23}=0$, $c_{24}=s^2$, $\boldsymbol{c}^T\mathrm{adj}(s\boldsymbol{I}-\boldsymbol{A})\boldsymbol{b}=b_4c_{24}$ から,

$$G(s)=\frac{\boldsymbol{c}^T\mathrm{adj}(s\boldsymbol{I}-\boldsymbol{A})\boldsymbol{b}}{|s\boldsymbol{I}-\boldsymbol{A}|}=\frac{-\frac{3s^2}{(4M+m)l}}{s^2\left\{s^2-\frac{3(M+m)g}{(4M+m)l}\right\}}=-\frac{3}{(4M+m)ls^2-3(M+m)g}$$

3 図から以下の式が成り立つ.

$L\dfrac{d}{dt}i_1(t)+i_1(t)R=e(t)$, すなわち, $\dot{i}_1(t)=-\dfrac{R}{L}i_1(t)+\dfrac{1}{L}e(t)$

$\dfrac{q(t)}{C}+i_2(t)R=e(t)$, $i_2(t)=\dfrac{d}{dt}q(t)$, すなわち, $\dot{q}(t)=-\dfrac{1}{RC}q(t)+\dfrac{1}{R}e(t)$

$i_0(t)=i_1(t)+i_2(t)=i_1(t)-\dfrac{q(t)}{RC}+\dfrac{1}{R}e(t)$

したがって

$$\begin{bmatrix} \dot{i}_1(t) \\ \dot{q}(t) \end{bmatrix} = \begin{bmatrix} -\dfrac{R}{L} & 0 \\ 0 & -\dfrac{1}{RC} \end{bmatrix} \begin{bmatrix} i_1(t) \\ q(t) \end{bmatrix} + \begin{bmatrix} \dfrac{1}{L} \\ \dfrac{1}{R} \end{bmatrix} e(t)$$

$$i_0(t) = \left[1, -\frac{1}{RC}\right] \begin{bmatrix} i_1(t) \\ q(t) \end{bmatrix} + \left[\frac{1}{R}\right] e(t)$$

したがって，

$$\boldsymbol{A} = \begin{bmatrix} -\dfrac{R}{L} & 0 \\ 0 & -\dfrac{1}{RC} \end{bmatrix}, \quad \boldsymbol{b} = \begin{bmatrix} \dfrac{1}{L} \\ \dfrac{1}{R} \end{bmatrix}, \quad \boldsymbol{c} = \begin{bmatrix} 1 \\ -\dfrac{1}{RC} \end{bmatrix}, \quad \boldsymbol{d} = \left[\frac{1}{R}\right]$$

4　問題 3 の図で合成抵抗を $Z(s)$ とすれば，ラプラスの演算子 s を用いて，

$$\frac{1}{Z(s)} = \frac{1}{Ls+R} + \frac{Cs}{RCs+1} = \frac{CLs^2 + 2RCs + 1}{RCL\left(s + \dfrac{R}{L}\right)\left(s + \dfrac{1}{RC}\right)}$$

したがって

$$I_0(s) = \frac{E(s)}{Z(s)} = \frac{CLs^2 + 2RCs + 1}{RCL\left(s + \dfrac{R}{L}\right)\left(s + \dfrac{1}{RC}\right)} E(s)$$

$$G(s) = \frac{I_0(s)}{E(s)} = \frac{CLs^2 + 2RCs + 1}{RCL\left(s + \dfrac{R}{L}\right)\left(s + \dfrac{1}{RC}\right)}$$

である．また問題 3 の解答から，

$$\begin{aligned}
&\boldsymbol{c}^T(s\boldsymbol{I} - \boldsymbol{A})^{-1}\boldsymbol{b} + \boldsymbol{d} \\
&= \left[1, -\frac{1}{RC}\right] \begin{bmatrix} s + \dfrac{R}{L} & 0 \\ 0 & s + \dfrac{1}{RC} \end{bmatrix}^{-1} \begin{bmatrix} \dfrac{1}{L} \\ \dfrac{1}{R} \end{bmatrix} + \frac{1}{R} \\
&= \frac{1}{\left(s + \dfrac{R}{L}\right)\left(s + \dfrac{1}{RC}\right)} \left[1, -\frac{1}{RC}\right] \begin{bmatrix} s + \dfrac{1}{RC} & 0 \\ 0 & s + \dfrac{R}{L} \end{bmatrix} \begin{bmatrix} \dfrac{1}{L} \\ \dfrac{1}{R} \end{bmatrix} + \frac{1}{R} \\
&= \frac{CLs^2 + 2RCs + 1}{RCL\left(s + \dfrac{R}{L}\right)\left(s + \dfrac{1}{RC}\right)}
\end{aligned}$$

5

(1) 可制御正準形式

$$G(s)=\frac{Y(s)}{U(s)}=\frac{X(s)}{U(s)}\cdot\frac{Y(s)}{X(s)},\quad \frac{X(s)}{U(s)}=\frac{1}{s^3+4s^2+5s+2},\quad \frac{Y(s)}{X(s)}=s+3$$

と置けば，システム行列 $\boldsymbol{A}$，入力行列 $\boldsymbol{b}$ については例題 2.9 と同じである．また出力行列は $y(t)=\dot{x}(t)+3x(t)$ から，$\boldsymbol{c}^T=[3,1,0]^T$ である．したがって，

$$\boldsymbol{A}=\begin{bmatrix}0&1&0\\0&0&1\\-2&-5&-4\end{bmatrix},\quad \boldsymbol{b}=\begin{bmatrix}0\\0\\1\end{bmatrix},\quad \boldsymbol{c}=\begin{bmatrix}3\\1\\0\end{bmatrix}$$

である．

(2) 対角正準形式：$G(s)$ を部分分数に展開すれば，

$$G(s)=\frac{s+3}{(s+1)^2(s+2)}=\frac{a_1}{(s+1)^2}+\frac{a_2}{s+1}+\frac{a_3}{s+2}$$

$$a_1=\lim_{s\to-1}\frac{s+3}{s+2}=2,\quad a_2=\lim_{s\to-1}\frac{d}{ds}\frac{s+3}{s+2}=-1,\quad a_3=\lim_{s\to-2}\frac{s+3}{(s+1)^2}=1$$

である．したがって，

$$G(s)=\frac{2}{(s+1)^2}-\frac{1}{s+1}+\frac{1}{s+2}$$

である．このとき出力 $Y(s)$ は，

$$Y(s)=\left\{\frac{2}{(s+1)^2}-\frac{1}{s+1}+\frac{1}{s+2}\right\}U(s)$$

である．ここで

$$X_1(s)=\frac{1}{s+1}X_2(s),\quad X_2(s)=\frac{1}{s+1}U(s),\quad X_3(s)=\frac{1}{s+2}U(s)$$

と置けば出力は，

$$Y(s)=2X_1(s)-X_2(s)+X_3(s)$$

で与えられる．ラプラス逆変換して，

$$\dot{x}_1(t)=-x_1(t)+x_2(t)$$

$$\dot{x}_2(t)=-x_2(t)+u(t)$$

$$\dot{x}_3(t)=-2x_3(t)+u(t)$$

$$y(t)=2x_1(t)-x_2(t)+x_3(t)$$

である．したがって，

$$\boldsymbol{A}=\begin{bmatrix} -1 & 1 & 0 \\ 0 & -1 & 0 \\ 0 & 0 & -2 \end{bmatrix},\ \boldsymbol{b}=\begin{bmatrix} 0 \\ 1 \\ 1 \end{bmatrix},\ \boldsymbol{c}=\begin{bmatrix} 2 \\ -1 \\ 1 \end{bmatrix}$$

(3) 可観測正準形式：可制御正準形式から，

$$\boldsymbol{A}=\begin{bmatrix} 0 & 0 & -2 \\ 1 & 0 & -5 \\ 0 & 1 & -4 \end{bmatrix},\ \boldsymbol{b}=\begin{bmatrix} 3 \\ 1 \\ 0 \end{bmatrix},\ \boldsymbol{c}=\begin{bmatrix} 0 \\ 0 \\ 1 \end{bmatrix}$$

第3章

1

$$\boldsymbol{A}=\begin{bmatrix} 0 & 1 & 1 \\ 1 & 0 & 1 \\ 1 & 1 & 0 \end{bmatrix},\ \boldsymbol{A}^2=\begin{bmatrix} 2 & 1 & 1 \\ 1 & 2 & 1 \\ 1 & 1 & 2 \end{bmatrix},\ \boldsymbol{A}^3=\begin{bmatrix} 2 & 3 & 3 \\ 3 & 2 & 3 \\ 3 & 3 & 2 \end{bmatrix}$$

$$\begin{aligned} \boldsymbol{e}^{\boldsymbol{A}t} &= \boldsymbol{I}+\boldsymbol{A}t+\frac{1}{2!}\boldsymbol{A}^2t^2+\frac{1}{3!}\boldsymbol{A}^3t^3+\cdots \\ &= \begin{bmatrix} 1 & 0 & 0 \\ 0 & 1 & 0 \\ 0 & 0 & 1 \end{bmatrix}+\begin{bmatrix} 0 & 1 & 1 \\ 1 & 0 & 1 \\ 1 & 1 & 0 \end{bmatrix}t+\frac{1}{2!}\begin{bmatrix} 2 & 1 & 1 \\ 1 & 2 & 1 \\ 1 & 1 & 2 \end{bmatrix}t^2 \\ &\quad +\frac{1}{3!}\begin{bmatrix} 2 & 3 & 3 \\ 3 & 2 & 3 \\ 3 & 3 & 2 \end{bmatrix}t^3+\cdots \\ &= \begin{bmatrix} 1+t^2+\frac{1}{3}t^3+\cdots & t+\frac{1}{2}t^2+\frac{1}{2}t^3+\cdots & t+\frac{1}{2}t^2+\frac{1}{2}t^3+\cdots \\ t+\frac{1}{2}t^2+\frac{1}{2}t^3+\cdots & 1+t^2+\frac{1}{3}t^3+\cdots & t+\frac{1}{2}t^2+\frac{1}{2}t^3+\cdots \\ t+\frac{1}{2}t^2+\frac{1}{2}t^3+\cdots & t+\frac{1}{2}t^2+\frac{1}{2}t^3+\cdots & 1+t^2+\frac{1}{3}t^3+\cdots \end{bmatrix} \end{aligned}$$

2

$$\boldsymbol{A}=\begin{bmatrix} 0 & 1 & 1 \\ 1 & 0 & 1 \\ 1 & 1 & 0 \end{bmatrix}$$

$$(s\boldsymbol{I}-\boldsymbol{A})=\begin{bmatrix} s & -1 & -1 \\ -1 & s & -1 \\ -1 & -1 & s \end{bmatrix}$$

$$(s\boldsymbol{I}-\boldsymbol{A})^{-1}=\frac{1}{(s+1)^2(s-2)}\begin{bmatrix} s^2-1 & s+1 & s+1 \\ s+1 & s^2-1 & s+1 \\ s+1 & s+1 & s^2-1 \end{bmatrix}$$

$$=\begin{bmatrix} \dfrac{s-1}{(s+1)(s-2)} & \dfrac{1}{(s+1)(s-2)} & \dfrac{1}{(s+1)(s-2)} \\ \dfrac{1}{(s+1)(s-2)} & \dfrac{s-1}{(s+1)(s-2)} & \dfrac{1}{(s+1)(s-2)} \\ \dfrac{1}{(s+1)(s-2)} & \dfrac{1}{(s+1)(s-2)} & \dfrac{s-1}{(s+1)(s-2)} \end{bmatrix}$$

$$=\frac{1}{3}\begin{bmatrix} \dfrac{1}{s-2}+\dfrac{2}{s+1} & \dfrac{1}{s-2}-\dfrac{1}{s+1} & \dfrac{1}{s-2}-\dfrac{1}{s+1} \\ \dfrac{1}{s-2}-\dfrac{1}{s+1} & \dfrac{1}{s-2}+\dfrac{2}{s+1} & \dfrac{1}{s-2}-\dfrac{1}{s+1} \\ \dfrac{1}{s-2}-\dfrac{1}{s+1} & \dfrac{1}{s-2}-\dfrac{1}{s+1} & \dfrac{1}{s-2}+\dfrac{2}{s+1} \end{bmatrix}$$

したがって

$$\mathcal{L}^{-1}\left[(s\boldsymbol{I}-\boldsymbol{A})^{-1}\right]=\frac{1}{3}\begin{bmatrix} e^{2t}+2e^{-t} & e^{2t}-e^{-t} & e^{2t}-e^{-t} \\ e^{2t}-e^{-t} & e^{2t}+2e^{-t} & e^{2t}-e^{-t} \\ e^{2t}-e^{-t} & e^{2t}-e^{-t} & e^{2t}+2e^{-t} \end{bmatrix}$$

である．なお，e^{2t}，e^{-t} をそれぞれ級数展開すると以下のとおりであり，問題 1 の結果と一致していることが確認できる．

$$e^{2t}=1+2t+\frac{1}{2!}(2t)^2+\frac{1}{3!}(2t)^3+\cdots$$

$$e^{-t}=1-t+\frac{1}{2!}t^2-\frac{1}{3!}t^3+\cdots$$

$$e^{2t}+2e^{-t}=3+3t^2+t^3+\cdots$$

$$\frac{1}{3}(e^{2t}+2e^{-t})=1+t^2+\frac{1}{3}t^3+\cdots$$

同様に，

$$e^{2t}-e^{-t}=3t+\frac{3}{2!}t^2+\frac{9}{3!}t^3+\cdots$$

$$\frac{1}{3}(e^{2t}-e^{-t})=t+\frac{1}{2}t^2+\frac{1}{2}t^3+\cdots$$

3

$$\boldsymbol{A}=\begin{bmatrix} 0 & 1 & 1 \\ 1 & 0 & 1 \\ 1 & 1 & 0 \end{bmatrix}$$

このシステム行列は例題 1.17（p.18）および例題 1.21（p.22）と同じであり，固有値は 2 と -1 で，-1 は重根である．固有ベクトルから作られる変換行列 $\boldsymbol{T}$ は例題 1.21 から，

$$\boldsymbol{T} = \begin{bmatrix} 1 & 1 & 1 \\ 1 & -1 & 0 \\ 1 & 0 & -1 \end{bmatrix}$$

$$\boldsymbol{T}^{-1}\boldsymbol{A}\boldsymbol{T} = \boldsymbol{J} = \frac{1}{3}\begin{bmatrix} 1 & 1 & 1 \\ 1 & -2 & 1 \\ 1 & 1 & -2 \end{bmatrix}\begin{bmatrix} 0 & 1 & 1 \\ 1 & 0 & 1 \\ 1 & 1 & 0 \end{bmatrix}\begin{bmatrix} 1 & 1 & 1 \\ 1 & -1 & 0 \\ 1 & 0 & -1 \end{bmatrix}$$
$$= \begin{bmatrix} 2 & 0 & 0 \\ 0 & -1 & 0 \\ 0 & 0 & -1 \end{bmatrix}$$

であり，したがって，

$$\boldsymbol{e}^{\boldsymbol{J}t} = \begin{bmatrix} e^{2t} & 0 & 0 \\ 0 & e^{-t} & 0 \\ 0 & 0 & e^{-t} \end{bmatrix}$$

を得る．したがって，

$$\boldsymbol{e}^{\boldsymbol{A}t} = \boldsymbol{T}\boldsymbol{e}^{\boldsymbol{J}t}\boldsymbol{T}^{-1} = \frac{1}{3}\begin{bmatrix} 1 & 1 & 1 \\ 1 & -1 & 0 \\ 1 & 0 & -1 \end{bmatrix}\begin{bmatrix} e^{2t} & 0 & 0 \\ 0 & e^{-t} & 0 \\ 0 & 0 & e^{-t} \end{bmatrix}\begin{bmatrix} 1 & 1 & 1 \\ 1 & -2 & 1 \\ 1 & 1 & -2 \end{bmatrix}$$
$$= \frac{1}{3}\begin{bmatrix} e^{2t}+2e^{-t} & e^{2t}-e^{-t} & e^{2t}-e^{-t} \\ e^{2t}-e^{-t} & e^{2t}+2e^{-t} & e^{2t}-e^{-t} \\ e^{2t}-e^{-t} & e^{2t}-e^{-t} & e^{2t}+2e^{-t} \end{bmatrix}$$

である．

4　(1.49) 式（p.17，ケーリー・ハミルトンの定理）によれば $\boldsymbol{A}^n$ は $\boldsymbol{A}^{n-1}$ までの有限個の和で表現できる．

$$\boldsymbol{A}^n = -c_1\boldsymbol{A}^{n-1} - c_2\boldsymbol{A}^{n-2} - \cdots - c_{n-1}\boldsymbol{A} - c_n\boldsymbol{I}$$

このとき

$$\begin{aligned}
\boldsymbol{A}^{n+1} &= \boldsymbol{A}\boldsymbol{A}^n = \boldsymbol{A}(-c_1\boldsymbol{A}^{n-1} - c_2\boldsymbol{A}^{n-2} - \cdots - c_{n-1}\boldsymbol{A} - c_n\boldsymbol{I}) \\
&= -c_1\boldsymbol{A}^n - c_2\boldsymbol{A}^{n-1} - \cdots - c_{n-1}\boldsymbol{A}^2 - c_n\boldsymbol{A} \\
&= -c_1(-c_1\boldsymbol{A}^{n-1} - c_2\boldsymbol{A}^{n-2} - \cdots - c_{n-1}\boldsymbol{A} - c_n\boldsymbol{I}) \\
&\quad -c_2\boldsymbol{A}^{n-1} - c_3\boldsymbol{A}^{n-2} - \cdots - c_{n-1}\boldsymbol{A}^2 - c_n\boldsymbol{A} \\
&= (c_1^2 - c_2)\boldsymbol{A}^{n-1} + (c_1c_2 - c_3)\boldsymbol{A}^{n-2} + \cdots + (c_1c_{n-1} - c_n)\boldsymbol{A} + c_1c_n\boldsymbol{I}
\end{aligned}$$

であり，やはり $\boldsymbol{A}^{n-1}$ までの有限個の和で表現できる．同様の計算をすれば $\boldsymbol{A}^{n+2}$ 以上の項もすべて $\boldsymbol{A}^{n-1}$ までの有限個の和で表現できる．

5　固有値は 2 と -1 で -1 は重根である．ここで，

$$f(\lambda) = \alpha_0 I + \alpha_1 \lambda + \alpha_2 \lambda^2$$

と置けば，

$$\begin{aligned} f(-1) &= \alpha_0 - \alpha_1 + \alpha_2 = e^{-t} \\ f'(-1) &= \alpha_1 - 2\alpha_2 = te^{-t} \\ f(2) &= \alpha_0 + 2\alpha_1 + 4\alpha_2 = e^{2t} \end{aligned}$$

である．連立方程式を解いて α_0，α_1，α_2 を求めれば，

$$\begin{aligned} \alpha_0 &= \frac{1}{9}\left(e^{2t} + 8e^{-t} + 6te^{-t}\right) \\ \alpha_1 &= \frac{1}{9}\left(2e^{2t} - 2e^{-t} + 3te^{-t}\right) \\ \alpha_2 &= \frac{1}{9}\left(e^{2t} - e^{-t} - 3te^{-t}\right) \end{aligned}$$

である．そこで，

$$\begin{aligned} f(\boldsymbol{A}) &= \alpha_0 \boldsymbol{I} + \alpha_1 \boldsymbol{A} + \alpha_2 \boldsymbol{A}^2 \\ &= \alpha_0 \begin{bmatrix} 1 & 0 & 0 \\ 0 & 1 & 0 \\ 0 & 0 & 1 \end{bmatrix} + \alpha_1 \begin{bmatrix} 0 & 1 & 1 \\ 1 & 0 & 1 \\ 1 & 1 & 0 \end{bmatrix} + \alpha_2 \begin{bmatrix} 2 & 1 & 1 \\ 1 & 2 & 1 \\ 1 & 1 & 2 \end{bmatrix} \\ &= \begin{bmatrix} \alpha_0 + 2\alpha_2 & \alpha_1 + \alpha_2 & \alpha_1 + \alpha_2 \\ \alpha_1 + \alpha_2 & \alpha_0 + 2\alpha_2 & \alpha_1 + \alpha_2 \\ \alpha_1 + \alpha_2 & \alpha_1 + \alpha_2 & \alpha_0 + 2\alpha_2 \end{bmatrix} \end{aligned}$$

であり，α_0，α_1，α_2 を代入すれば

$$\begin{aligned} \alpha_0 + 2\alpha_2 &= \frac{1}{3}\left(e^{2t} + 2e^{-t}\right) \\ \alpha_1 + \alpha_2 &= \frac{1}{3}\left(e^{2t} - e^{-t}\right) \end{aligned}$$

である．この結果は問題 2，問題 3 の結果に等しい．

第4章

1　システムの固有方程式は次式で与えられる．

$$\det[sI - \boldsymbol{A}] = s^2 + 7s + 12 = (s+3)(s+4) = 0 \tag{1}$$

システムの固有値は -3，-4 となるので，漸近安定である．

2　システムの固有方程式は次式で与えられる．

$$\det[sI - \boldsymbol{A}] = s^3 + 2s^2 + s + 2 = 0 \tag{2}$$

固有方程式のすべての係数が正である．しかし，

$$\det\begin{bmatrix} 2 & 2 \\ 1 & 1 \end{bmatrix} = 0 \tag{3}$$

となるので，システムは漸近安定ではない．

3　可制御性行列・可観測性行列は次式で与えられる．

$$\boldsymbol{U}_c = \begin{bmatrix} 0 & -1 & 1 \\ -1 & 1 & -1 \\ 1 & -1 & 2 \end{bmatrix},\ \boldsymbol{U}_o = \begin{bmatrix} 1 & 1 & 0 \\ 0 & 1 & 1 \\ -1 & -1 & -1 \end{bmatrix} \tag{4}$$

可制御性行列・可観測性行列の行列式はそれぞれ

$$\det[\boldsymbol{U}_c] = -1 \neq 0,\ \det[\boldsymbol{U}_o] = -1 \neq 0 \tag{5}$$

となるので，システムは可制御かつ可観測である．

4　可制御性行列・可観測性行列は次式で与えられる．

$$\boldsymbol{U}_c = \begin{bmatrix} -1 & 1 \\ 1 & k_1 - k_2 \end{bmatrix},\ \boldsymbol{U}_o = \begin{bmatrix} -1 & 1 \\ -k_1 & -1 - k_2 \end{bmatrix} \tag{6}$$

可制御性行列・可観測性行列の行列式はそれぞれ

$$\det[\boldsymbol{U}_c] = -k_1 + k_2 - 1,\ \det[\boldsymbol{U}_o] = k_1 + k_2 + 1 \tag{7}$$

となるので，システムが可制御でも可観測でもなくなるパラメータは

$$k_1 = -1,\ k_2 = 0 \tag{8}$$

である．

5　変換されたシステムの可制御性行列・可観測性行列は次式で与えられる．

$$\boldsymbol{U}_c = [\boldsymbol{T}\boldsymbol{b}, \boldsymbol{T}\boldsymbol{A}\boldsymbol{T}^{-1}\boldsymbol{T}\boldsymbol{b}] = \boldsymbol{T}[\boldsymbol{b}, \boldsymbol{A}\boldsymbol{b}],\ \ \boldsymbol{U}_o = \begin{bmatrix} \boldsymbol{c}^T\boldsymbol{T}^{-1} \\ \boldsymbol{c}^T\boldsymbol{T}^{-1}\boldsymbol{T}\boldsymbol{A}\boldsymbol{T}^{-1} \end{bmatrix} = \begin{bmatrix} \boldsymbol{c}^T \\ \boldsymbol{c}^T\boldsymbol{A} \end{bmatrix}\boldsymbol{T}^{-1} \tag{9}$$

可制御性行列・可観測性行列の行列式はそれぞれ

$$\det[\boldsymbol{U}_c] = \det[\boldsymbol{T}]\det[\boldsymbol{b}, \boldsymbol{A}\boldsymbol{b}],\ \ \det[\boldsymbol{U}_o] = \det\begin{bmatrix} \boldsymbol{c}^T \\ \boldsymbol{c}^T\boldsymbol{A} \end{bmatrix}\det[\boldsymbol{T}^{-1}] \tag{10}$$

で与えられる．変換前のシステムが可制御かつ可観測であるので，

$$\det[\boldsymbol{b}, \boldsymbol{A}\boldsymbol{b}] \neq 0,\ \ \det\begin{bmatrix} \boldsymbol{c}^T \\ \boldsymbol{c}^T\boldsymbol{A} \end{bmatrix} \neq 0 \tag{11}$$

となる．この関係ならびに $\det \boldsymbol{T} \neq 0$ より，可制御性行列・可観測性行列の行列式はどちらとも零になることはない．以上より，変換されたシステムは可制御かつ可観測である．

第5章

1　フィードバックゲイン g を用いて

$$u(t) = -gx(t) \tag{12}$$

としてみる．このとき，制御システムの状態方程式は

$$\dot{x}(t) = -(5g-2)x(t) + \sin t \tag{13}$$

となる．制御システムが漸近安定となれば，設計目的が達成されることになる．しかしながら，制御システム (13) 式の固有値を -1 としても，外乱 $\sin t$ が存在するので制御システムは漸近安定とはならないことがわかる．制御システムが漸近安定になるには，制御システムに外乱が存在しない形（$\dot{x}(t) = \bigstar x(t)$）になる必要がある．このことを考慮に入れ，入力の形を以下のように修正する．

$$u(t) = -gx(t) - \frac{1}{5}\sin t \tag{14}$$

このとき，制御システムは

$$\dot{x}(t) = -(5g-2)x(t) \tag{15}$$

となり，制御システムの固有方程式は $s + (5g-2) = 0$ となる．固有値が -1 の固有方程式は $s + 1 = 0$ であるので，フィードバックゲインを $g = \dfrac{3}{5}$ とすれば制御システムの固有値が -1 となることがわかる．すなわち，コントローラを以下にすればよい．

$$u(t) = -\frac{3}{5}x(t) - \frac{1}{5}\sin t \tag{16}$$

2

(1) 状態ベクトル $\boldsymbol{x}(t) = [x(t),\, \dot{x}(t)]^T$ を用いてシステム方程式を導出すれば，次式となる．

$$\left.\begin{aligned} &\dot{\boldsymbol{x}}(t) = \boldsymbol{A}\boldsymbol{x}(t) + \boldsymbol{b}u(t) \\ &y(t) = \boldsymbol{c}^T\boldsymbol{x}(t) \\ &\boldsymbol{A} = \begin{bmatrix} 0 & 1 \\ -2 & -1 \end{bmatrix},\ \boldsymbol{b} = \begin{bmatrix} 0 \\ 2 \end{bmatrix},\ \boldsymbol{c} = \begin{bmatrix} 1 \\ 0 \end{bmatrix} \end{aligned}\right\} \tag{17}$$

(2) システムの固有方程式は

$$\det[sI - \boldsymbol{A}] = s^2 + s + 2 = 0 \tag{18}$$

となるので，システムの固有値は $\dfrac{-1+\sqrt{7}j}{2}$，$\dfrac{-1-\sqrt{7}j}{2}$ となる．固有値に複素数が含まれているので，このシステムは振動的なシステムである．

(3) フィードバックゲイン $\boldsymbol{g}$ を用いて，入力を

$$u(t) = -\boldsymbol{g}^T\boldsymbol{x}(t),\ \ \boldsymbol{g} = [g_1,\, g_2]^T \tag{19}$$

で構成すれば，制御システム方程式は

$$\left.\begin{aligned} &\dot{\boldsymbol{x}}(t) = [\boldsymbol{A} - \boldsymbol{b}\boldsymbol{g}^T]\boldsymbol{x}(t) \\ &y(t) = \boldsymbol{c}^T\boldsymbol{x}(t) \\ &\boldsymbol{A} = \begin{bmatrix} 0 & 1 \\ -2 & -1 \end{bmatrix},\ \boldsymbol{b} = \begin{bmatrix} 0 \\ 2 \end{bmatrix},\ \boldsymbol{c} = \begin{bmatrix} 1 \\ 0 \end{bmatrix} \end{aligned}\right\} \tag{20}$$

となる．制御システムの固有方程式は

$$\begin{aligned} \det[sI - \boldsymbol{A} + \boldsymbol{b}\boldsymbol{g}^T] &= \det\left[sI - \begin{bmatrix} 0 & 1 \\ -2g_1 - 2 & -2g_2 - 1 \end{bmatrix}\right] \\ &= s^2 + (2g_2 + 1)s + (2g_1 + 2) = 0 \end{aligned} \tag{21}$$

となる．また，固有値が -2，-3 となる固有方程式が

$$(s+2)(s+3) = s^2 + 5s + 6 = 0 \tag{22}$$

となることより，フィードバックゲインを $\boldsymbol{g} = [2,\, 2]^T$ とすれば制御システムの固有値が -2，-3 となることがわかる．すなわち，コントローラを次式で構成すればよい．

$$u(t) = -[2,\, 2]\,\boldsymbol{x}(t) = -2x(t) - 2\dot{x}(t) \tag{23}$$

3

(1) 各状態ベクトルを用いたシステム方程式は以下で与えられる．

$$
\text{a)}\ \begin{cases} \dot{\boldsymbol{x}}(t) = \boldsymbol{A}\boldsymbol{x}(t) + \boldsymbol{b}u(t) \\ y(t) = \boldsymbol{c}^T\boldsymbol{x}(t) \\ \boldsymbol{A} = \begin{bmatrix} 0 & 1 \\ 0 & 0 \end{bmatrix},\ \boldsymbol{b} = \begin{bmatrix} 0 \\ 1 \end{bmatrix},\ \boldsymbol{c} = \begin{bmatrix} 1 \\ 0 \end{bmatrix} \end{cases} \tag{24}
$$

$$
\text{b)}\ \begin{cases} \dot{\boldsymbol{x}}(t) = \boldsymbol{A}\boldsymbol{x}(t) + \boldsymbol{b}u(t) \\ y(t) = \boldsymbol{c}^T\boldsymbol{x}(t) \\ \boldsymbol{A} = \begin{bmatrix} 0 & \frac{1}{2} \\ 0 & 0 \end{bmatrix},\ \boldsymbol{b} = \begin{bmatrix} 0 \\ 2 \end{bmatrix},\ \boldsymbol{c} = \begin{bmatrix} 1 \\ 0 \end{bmatrix} \end{cases} \tag{25}
$$

$$
\text{c)}\ \begin{cases} \dot{\boldsymbol{x}}(t) = \boldsymbol{A}\boldsymbol{x}(t) + \boldsymbol{b}u(t) \\ y(t) = \boldsymbol{c}^T\boldsymbol{x}(t) \\ \boldsymbol{A} = \begin{bmatrix} 0 & 1 \\ 0 & 0 \end{bmatrix},\ \boldsymbol{b} = \begin{bmatrix} 1 \\ 1 \end{bmatrix},\ \boldsymbol{c} = \begin{bmatrix} 1 \\ -1 \end{bmatrix} \end{cases} \tag{26}
$$

(2) 入力を

$$
u(t) = -[g_1,\ g_2]\boldsymbol{x}(t) \tag{27}
$$

とし，(1) で求めた各システムに代入すれば，それぞれの制御システムの固有方程式は以下のように与えられる．

a) $s^2 + g_2 s + g_1 = 0$

b) $s^2 + 2g_2 s + g_1 = 0$

c) $s^2 + (g_1 + g_2)s + g_1 = 0$

固有値が -1，-1 となる固有方程式は $s^2 + 2s + 1 = 0$ となるので，各制御システムに対応するコントローラは，それぞれ，次式で与えられる．

a) $u(t) = -[1, 2]\boldsymbol{x}(t) = -x(t) - 2\dot{x}(t)$

b) $u(t) = -[1, 1]\boldsymbol{x}(t) = -x(t) - 2\dot{x}(t)$

c) $u(t) = -[1, 1]\boldsymbol{x}(t) = -x(t) - 2\dot{x}(t)$

4

(1) $z(t) = x(t) - d$

(2) 運動方程式は $\ddot{z}(t) + 2\dot{z}(t) = u(t)$ である．

(3) システム方程式は次式で与えられる．

$$\left.\begin{aligned}&\dot{\boldsymbol{w}}(t)=\boldsymbol{A}\boldsymbol{w}(t)+\boldsymbol{b}u(t)\\&z(t)=\boldsymbol{c}^T\boldsymbol{w}(t)\\&\boldsymbol{A}=\begin{bmatrix}0&1\\0&-2\end{bmatrix},\ \boldsymbol{b}=\begin{bmatrix}0\\1\end{bmatrix},\ \boldsymbol{c}=\begin{bmatrix}1\\0\end{bmatrix}\end{aligned}\right\}\tag{28}$$

(4) コントローラを $u(t)=-[g_1,\ g_2]\boldsymbol{w}(t)$ としたとき，制御システムの固有方程式は $s^2+(g_2+2)s+g_1=0$ となる．一方，固有値が -2，-3 となる固有方程式は $s^2+5s+6=0$ となる．両方の固有方程式が等しくなるフィードバックゲインは $g_1=6$，$g_2=3$ となる．よって，求めるコントローラは

$$u(t)=-[6,3]\boldsymbol{w}(t)=-6x(t)-3\dot{x}(t)+6d\tag{29}$$

となる．

5

(1) 新しい信号 $z(t)=x(t)-d$ を用いた運動方程式は次式で与えられる．

$$z^{(3)}(t)+z(t)=u(t)-d\tag{30}$$

(2) システム方程式は次式となる．

$$\left.\begin{aligned}&\dot{\boldsymbol{w}}(t)=\boldsymbol{A}\boldsymbol{w}(t)+\boldsymbol{b}(u(t)-d)\\&z(t)=\boldsymbol{c}^T\boldsymbol{w}(t)\\&\boldsymbol{A}=\begin{bmatrix}0&1&0\\0&0&1\\-1&0&0\end{bmatrix},\ \boldsymbol{b}=\begin{bmatrix}0\\0\\1\end{bmatrix},\ \boldsymbol{c}=\begin{bmatrix}1\\0\\0\end{bmatrix}\end{aligned}\right\}\tag{31}$$

(3) 状態フィードバックコントローラを

$$u(t)=-\boldsymbol{g}^T\boldsymbol{w}(t)+d,\ \ \boldsymbol{g}=[g_1,\ g_2,\ g_3]^T\tag{32}$$

と置けば，制御システム方程式は

$$\left.\begin{aligned}\dot{\boldsymbol{w}}(t)&=[\boldsymbol{A}-\boldsymbol{b}\boldsymbol{g}^T]\boldsymbol{w}(t)\\&=\begin{bmatrix}0&1&0\\0&0&1\\-g_1-1&-g_2&-g_3\end{bmatrix}\boldsymbol{w}(t)\\z(t)&=\boldsymbol{c}^T\boldsymbol{w}(t)\end{aligned}\right\}\tag{33}$$

となる．制御システムの固有方程式は $s^3 + g_3 s^2 + g_2 s + g_1 + 1 = 0$ となり，固有値が -1，-2，-3 となる固有方程式が $(s+1)(s+2)(s+3) = s^3 + 6s^2 + 11s + 6$ となることより，フィードバックゲインを $g_1 = 5$，$g_2 = 11$，$g_3 = 6$ とすればよいことがわかる．以上より，求めるフィードバックコントローラは

$$u(t) = -[5, 11, 6]\boldsymbol{w}(t) + d = -5x(t) - 11\dot{x}(t) - 6\ddot{x}(t) + 6d \tag{34}$$

である．

第6章

[1] 制御システム方程式は次式で与えられる．

$$\left.\begin{aligned} \dot{\boldsymbol{x}}(t) &= \begin{bmatrix} 0 & 1 \\ -g & -3+g \end{bmatrix} \boldsymbol{x}(t) \\ y(t) &= \boldsymbol{c}^T \boldsymbol{x}(t) \end{aligned}\right\} \tag{35}$$

制御システムの固有方程式は $s^2 + (3-g)s + g = 0$ である．ここで，フルヴィッツの安定判別法を用いれば，$3 > g > 0$ の範囲で制御システムが漸近安定となることがわかる．

[2] 制御システム方程式は次式で与えられる．

$$\left.\begin{aligned} \dot{\boldsymbol{x}}(t) &= \begin{bmatrix} 0 & 1 & 0 \\ 0 & 0 & 1 \\ -a-g & -3-g & -1 \end{bmatrix} \boldsymbol{x}(t) \\ y(t) &= \boldsymbol{c}^T \boldsymbol{x}(t) \end{aligned}\right\} \tag{36}$$

制御システムの固有方程式は $s^3 + s^2 + (3+g)s + a + g = 0$ である．ここで，フルヴィッツの安定判別法を用いれば，

$$g > -3,\quad a + g > 0,\quad \det\begin{bmatrix} 1 & a+g \\ 1 & 3+g \end{bmatrix} = 3 - a > 0 \tag{37}$$

の範囲で制御システムが漸近安定となることがわかる．これを図示すれば下図となる．

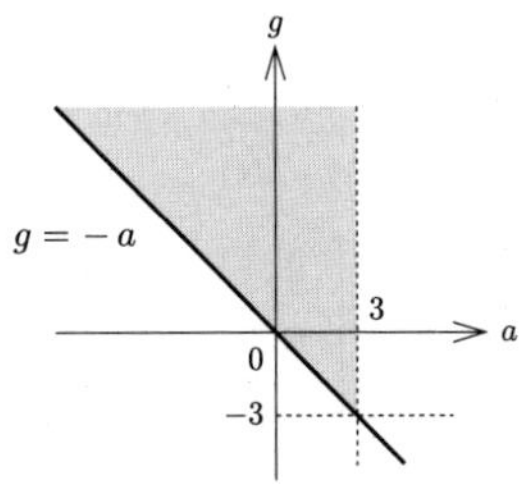

漸近安定となる領域

3

(1) 可観測性行列の行列式は

$$\det\begin{bmatrix} 1 & 1 \\ 0 & -2 \end{bmatrix} = -2 \tag{38}$$

であるので，システムは可観測である．

(2) 状態オブザーバを

$$\left.\begin{aligned} &\dot{\widehat{\boldsymbol{x}}}(t) = \boldsymbol{A}\widehat{\boldsymbol{x}}(t) + \boldsymbol{h}\widetilde{y}(t) + \boldsymbol{b}u(t),\ \ \boldsymbol{h} = [h_1,\ h_2]^T \\ &\widehat{y}(t) = \boldsymbol{c}^T\widehat{\boldsymbol{x}}(t),\ \ \widetilde{y}(t) = y(t) - \widehat{y}(t) \\ &\boldsymbol{A} = \begin{bmatrix} 0 & 1 \\ 0 & -3 \end{bmatrix},\ \ \boldsymbol{b} = \begin{bmatrix} 0 \\ 1 \end{bmatrix},\ \ \boldsymbol{c} = \begin{bmatrix} 1 \\ 1 \end{bmatrix} \end{aligned}\right\} \tag{39}$$

で構成する．このとき，状態推定誤差システム方程式は次式となる．

$$\left.\begin{aligned} &\dot{\widetilde{\boldsymbol{x}}}(t) = \begin{bmatrix} -h_1 & 1-h_1 \\ -h_2 & -3-h_2 \end{bmatrix}\widetilde{\boldsymbol{x}}(t) \\ &\widetilde{y}(t) = \boldsymbol{c}^T\widetilde{\boldsymbol{x}}(t) \end{aligned}\right\} \tag{40}$$

状態推定誤差システムの固有方程式は $s^2 + (h_1 + h_2 + 3)s + 3h_1 + h_2 = 0$ となる．よって，$h_1 = 1$，$h_2 = -1$ とすれば推定誤差システムの固有値が -1，-2 となることがわかる．

4

(1) 可観測性行列の行列式は

$$\det\begin{bmatrix} 1 & 0 & 0 \\ 0 & 1 & 0 \\ 0 & 0 & 1 \end{bmatrix} = 1 \tag{41}$$

であるので，システムは可観測である．

(2) 状態オブザーバを

$$\left.\begin{aligned} &\dot{\widehat{\boldsymbol{x}}}(t) = \boldsymbol{A}\widehat{\boldsymbol{x}}(t) + \boldsymbol{h}\widetilde{y}(t) + \boldsymbol{b}u(t),\ \ \boldsymbol{h} = [h_1,\ h_2,\ h_3]^T \\ &\widehat{y}(t) = \boldsymbol{c}^T\widehat{\boldsymbol{x}}(t),\ \ \widetilde{y}(t) = y(t) - \widehat{y}(t) \\ &\boldsymbol{A} = \begin{bmatrix} 0 & 1 & 0 \\ 0 & 0 & 1 \\ 0 & 0 & 0 \end{bmatrix},\ \ \boldsymbol{b} = \begin{bmatrix} 0 \\ 0 \\ 1 \end{bmatrix},\ \ \boldsymbol{c} = \begin{bmatrix} 1 \\ 0 \\ 0 \end{bmatrix} \end{aligned}\right\} \tag{42}$$

で構成する．このとき，状態推定誤差は次式となる．

$$\left.\begin{aligned}\dot{\widetilde{\boldsymbol{x}}}(t) &= \begin{bmatrix} -h_1 & 1 & 0 \\ -h_2 & 0 & 1 \\ -h_3 & 0 & 0 \end{bmatrix} \widetilde{\boldsymbol{x}}(t) \\ \widetilde{y}(t) &= \boldsymbol{c}^T \widetilde{\boldsymbol{x}}(t)\end{aligned}\right\} \tag{43}$$

状態推定誤差システムの固有方程式は $s^3 + h_1 s^2 + h_2 s + h_3 = 0$ となる．よって，$h_1 = 3$，$h_2 = 3$，$h_3 = 1$ とすれば推定誤差システムの固有値が -1，-1，-1 となることがわかる．

5

(1) 状態オブザーバを

$$\left.\begin{aligned}\dot{\widehat{\boldsymbol{x}}}(t) &= \boldsymbol{A}\widehat{\boldsymbol{x}}(t) + \boldsymbol{h}\widetilde{y}(t) + \boldsymbol{b}u(t), \quad \boldsymbol{h} = [h_1, h_2]^T \\ \widehat{y}(t) &= \boldsymbol{c}^T \widehat{\boldsymbol{x}}(t) \\ \boldsymbol{A} &= \begin{bmatrix} 0 & 1 \\ 0 & 0 \end{bmatrix}, \quad \boldsymbol{b} = \begin{bmatrix} 0 \\ 1 \end{bmatrix}, \quad \boldsymbol{c} = \begin{bmatrix} 1 \\ 0 \end{bmatrix}\end{aligned}\right\} \tag{44}$$

で構成する．このとき，状態推定誤差は次式となる．

$$\left.\begin{aligned}\dot{\widetilde{\boldsymbol{x}}}(t) &= \begin{bmatrix} -h_1 & 1 \\ -h_2 & 0 \end{bmatrix} \widetilde{\boldsymbol{x}}(t) \\ \widetilde{y}(t) &= \boldsymbol{c}^T \widetilde{\boldsymbol{x}}(t)\end{aligned}\right\} \tag{45}$$

状態推定誤差システムの固有方程式は $s^2 + h_1 s + h_2 = 0$ となる．よって，$h_1 = 6$，$h_2 = 9$ とすれば推定誤差システムの固有値が -3，-3 となることがわかる．

(2) 状態フィードバック入力を

$$u(t) = -\boldsymbol{g}^T \widehat{\boldsymbol{x}}(t) = -\boldsymbol{g}^T \boldsymbol{x}(t) + \boldsymbol{g}^T \widetilde{\boldsymbol{x}}(t), \quad \boldsymbol{g} = [g_1,\ g_2]^T \tag{46}$$

とすれば，制御システム方程式は次式で与えられる．

$$\left.\begin{aligned}\dot{\boldsymbol{x}}(t) &= \begin{bmatrix} 0 & 1 \\ -g_1 & -g_2 \end{bmatrix} \boldsymbol{x}(t) + \boldsymbol{b}\boldsymbol{g}^T \widetilde{\boldsymbol{x}}(t) \\ y(t) &= \boldsymbol{c}^T \boldsymbol{x}(t)\end{aligned}\right\} \tag{47}$$

$\boldsymbol{g}^T \widetilde{\boldsymbol{x}}(t) = 0$ と考えたときの制御システムの固有方程式は $s^2 + g_2 s + g_1 = 0$ となる．よって，$g_1 = 1$，$g_2 = 2$ とすれば制御システムの固有値が -1，-1 となる．

第7章

1

(1) 主座小行列の行列式が

$$\det[\boldsymbol{Q}(1)] = \det[2] = 2,\ \det[\boldsymbol{Q}(1,2)] = \det[\boldsymbol{Q}] = 0$$

となるので，行列 $\boldsymbol{Q}$ は正定行列ではない．

(2) 主座小行列の行列式が

$$\det[\boldsymbol{Q}(1)] = \det[1] = 1,\quad \det[\boldsymbol{Q}(1,2)] = \begin{bmatrix} 1 & -1 \\ -1 & 2 \end{bmatrix} = 1$$

$$\det[\boldsymbol{Q}(1,2,3)] = \det[\boldsymbol{Q}] = 1$$

となるので，行列 $\boldsymbol{Q}$ は正定行列である．

2　対称行列 $\boldsymbol{W}$ が正定行列であることを示すには，任意の $\boldsymbol{x} \neq [0,0]^T$ に対し，

$$\boldsymbol{x}^T\boldsymbol{W}\boldsymbol{x} > 0 \tag{48}$$

が成立することを示せばよい．以下に，行列 $\boldsymbol{Q}$ が正定行列であることより，任意の $\boldsymbol{x} \neq [0,0]^T$ に対し，

$$\boldsymbol{x}^T\boldsymbol{Q}\boldsymbol{x} > 0$$

が成立すること，ならびに，$\boldsymbol{b}^T\boldsymbol{x}$ がスカラーとなることより，

$$(\boldsymbol{b}^T\boldsymbol{x})^T = \boldsymbol{x}^T\boldsymbol{b} = \boldsymbol{b}^T\boldsymbol{x}$$

が成立することを用いて，任意の $\boldsymbol{x} \neq [0,0]^T$ に対し (48) 式が成立することを示す．

$$\begin{aligned}\boldsymbol{x}^T\boldsymbol{W}\boldsymbol{x} &= \boldsymbol{x}^T\boldsymbol{Q}\boldsymbol{x} + \boldsymbol{x}^T\boldsymbol{b}\boldsymbol{b}^T\boldsymbol{x} \\ &= \boldsymbol{x}^T\boldsymbol{Q}\boldsymbol{x} + (\boldsymbol{x}^T\boldsymbol{b})^2 \\ &\geq \boldsymbol{x}^T\boldsymbol{Q}\boldsymbol{x} > 0\end{aligned} \tag{49}$$

3　求める対称行列は以下のようになる．

(1) $\boldsymbol{Q} = \begin{bmatrix} 2 & 4 \\ 4 & 1 \end{bmatrix}$

(2) $\boldsymbol{Q} = \begin{bmatrix} 1 & 2 & 0 \\ 2 & 2 & 3 \\ 0 & 3 & 3 \end{bmatrix}$

4　正定行列解を求めたいので，解 $\boldsymbol{P}$ の形をあらかじめ対称行列

$$\boldsymbol{P} = \begin{bmatrix} p_1 & p_2 \\ p_2 & p_3 \end{bmatrix} \tag{50}$$

に限定して解の導出を試みる．

解 $\boldsymbol{P}$ (50) 式をリカッチ方程式 (7.50) 式左辺に代入すれば，

$$\begin{aligned} &\boldsymbol{A}^T\boldsymbol{P} + \boldsymbol{P}\boldsymbol{A} - r^{-1}\boldsymbol{P}\boldsymbol{b}\boldsymbol{b}^T\boldsymbol{P} \\ &= \begin{bmatrix} 0 & 1 \\ 1 & 0 \end{bmatrix}^T \begin{bmatrix} p_1 & p_2 \\ p_2 & p_3 \end{bmatrix} + \begin{bmatrix} p_1 & p_2 \\ p_2 & p_3 \end{bmatrix} \begin{bmatrix} 0 & 1 \\ 1 & 0 \end{bmatrix} \\ &\quad - \begin{bmatrix} p_1 & p_2 \\ p_2 & p_3 \end{bmatrix} \begin{bmatrix} 0 \\ 1 \end{bmatrix} [0, 1] \begin{bmatrix} p_1 & p_2 \\ p_2 & p_3 \end{bmatrix} \\ &= \begin{bmatrix} 2p_2 - p_2^2 & p_1 + p_3 - p_2p_3 \\ p_1 + p_3 - p_2p_3 & 2p_2 - p_3^2 \end{bmatrix} \end{aligned} \tag{51}$$

となる．行列 $\boldsymbol{P}$ がリカッチ方程式 (7.50) 式の解であるのならば，(51) 式がリカッチ方程式 (7.50) 式の右辺と等しくなる．すなわち，

$$\begin{bmatrix} 2p_2 - p_2^2 & p_1 + p_3 - p_2p_3 \\ p_1 + p_3 - p_2p_3 & 2p_2 - p_3^2 \end{bmatrix} = -\begin{bmatrix} 3 & 0 \\ 0 & 1 \end{bmatrix} \tag{52}$$

である．(52) 式を満足する p_i $(i = 1, 2, 3)$ は次の連立方程式を解くことにより求まる．

$$\begin{cases} p_2^2 - 2p_2 = 3 & (\alpha) \\ p_1 + p_3 - p_2p_3 = 0 & (\beta) \\ p_3^2 - 2p_2 = 1 & (\gamma) \end{cases} \tag{53}$$

上式の (α) より，p_2 に関し，$p_2 = -1$，$p_2 = 3$ の二つの解が存在することがわかる．p_2 の二つの解に対し，(53) 式の (γ) より，p_3 に関し，それぞれ二つの解が存在することがわかる．

$p_2 = 3$ のとき，$p_3 = \sqrt{7}$，$p_3 = -\sqrt{7}$

$p_2 = -1$ のとき，$p_3 = j$，$p_3 = -j$

いまここでは，行列の要素が実数となる解 $\boldsymbol{P}$ を求めようとしているので，複素数になる場合を無視して解析を続ける．すなわち，$p_2 = 3$，$p_3 = \sqrt{7}$ の場合と $p_2 = 3$，$p_3 = -\sqrt{7}$ の場合の二つについて考える．それぞれの場合に対し，(53) 式の (β) より，p_1 に関し次の二つの解が存在することがわかる．

$p_2 = 3$，$p_3 = \sqrt{7}$ のとき，$p_1 = 2\sqrt{7}$

$p_2 = 3$，$p_3 = -\sqrt{7}$ のとき，$p_1 = -2\sqrt{7}$

すなわち，リカッチ方程式は次の二つの実行列解をもつことがわかる．

$$\boldsymbol{P} = \begin{bmatrix} 2\sqrt{7} & 3 \\ 3 & \sqrt{7} \end{bmatrix},\ \boldsymbol{P} = \begin{bmatrix} -2\sqrt{7} & 3 \\ 3 & -\sqrt{7} \end{bmatrix} \tag{54}$$

それぞれの正定性を調べれば，

$$\boldsymbol{P} = \begin{bmatrix} 2\sqrt{7} & 3 \\ 3 & \sqrt{7} \end{bmatrix} \tag{55}$$

が求める実正定行列解であることがわかる．

5　リカッチ方程式 (7.52) 式の実正定行列解は問題 4 で求めたので，この実正定行列解を用いれば，制御系の状態方程式は

$$\left.\begin{aligned} \dot{\boldsymbol{x}}(t) &= \begin{bmatrix} 0 & 1 \\ -3k+1 & -\sqrt{7}k \end{bmatrix} \boldsymbol{x}(t) \\ y(t) &= \boldsymbol{c}^T \boldsymbol{x}(t) \end{aligned}\right\} \tag{56}$$

となり，制御系の固有方程式は $s^2 + \sqrt{7}ks + (3k-1) = 0$ となる．フルヴィッツの安定判別法を用いれば，$k > \dfrac{1}{3}$ で制御システムが漸近安定となることがわかる．

参考文献

[1] 鈴木隆『現代制御の基礎と演習』山海堂，2004.

[2] 中溝高好・小林伸明『システム制御の講義と演習』日進出版，2005.

[3] 細江繁幸編『IU システムと制御』オーム社，2000.

[4] 中野道雄・美多勉『制御基礎理論』昭晃堂，1999.

[5] 古田勝久・美多勉『システム制御理論演習』昭晃堂，1980.

[6] 明石一・今井弘之『詳解制御工学演習』共立出版，1981.

[7] 鈴木隆『アダプティブコントロール』コロナ社，2001.

[8] 明石一『制御工学』共立出版，1979.

[9] 吉田和信『Matlab/Octave による制御系設計』科学技術出版，2003.

[10] 相良節夫『基礎自動制御』森北出版，1987.

[11] 奥山佳史ほか『制御工学』(学生のための機械工学シリーズ 2)，朝倉書店，2001.

[12] 岩井善太ほか『オブザーバ』コロナ社，1988.

[13] 小郷寛・美多勉『システム制御理論入門』実教出版，1991.

[14] 児玉慎三・須田信英『システム制御のためのマトリクス理論』計測自動制御学会，1995.

[15] 伊藤正美ほか『線形制御系の設計理論』計測自動制御学会，1995.

[16] 市川邦彦『自動制御系の設計理論』産業図書，1977.

[17] 中村嘉平ほか『現代制御理論』コロナ社，1979.

[18] 伊藤正美『システム制御理論』昭晃堂，1978.

[19] 江口弘文『MATLAB による誘導制御系設計』東京電機大学出版局，2004.

[20] 野波健蔵『MATLAB による制御工学』東京電機大学出版局，1999.

参考文献

索引

<著者紹介>

江口（えぐち）　弘文（ひろふみ）

学 歴　九州工業大学工学部制御工学科卒業（1967年）
　　　　工学博士（1991年）
職 歴　防衛庁技術研究本部第３研究所（1967年）
　　　　九州共立大学工学部機械工学科教授（2003年）

大屋（おおや）　勝敬（まさひろ）

学 歴　広島大学工学部第一類（機械系）卒業（1983年）
　　　　広島大学大学院工学研究科設計工学専攻博士前期課程修了（1985年）
　　　　広島大学大学院工学研究科設計工学専攻博士後期課程単位取得退学（1988年）
　　　　工学博士（1990年）
職 歴　広島大学工学部助手（1988年）
　　　　九州工業大学工学部助手（1990年）
　　　　九州工業大学工学部助教授（1992年）
　　　　九州工業大学工学研究院准教授（2007年）
　　　　九州工業大学工学研究院教授（2010年）

初めて学ぶ
現代制御の基礎

2007年６月20日　第１版１刷発行　　ISBN 978-4-501-41630-0 C3053
2023年５月20日　第１版６刷発行

著　者　江口弘文・大屋勝敬

発行所　学校法人 東京電機大学　〒120-8551 東京都足立区千住旭町５番
東京電機大学出版局　Tel. 03-5284-5386（営業） 03-5284-5385（編集）
Fax. 03-5284-5387 振替口座00160-5-71715
https://www.tdupress.jp/

制作：㈱グラベルロード　印刷：新灯印刷㈱　製本：渡辺製本㈱　装丁：高橋壮一
落丁・乱丁本はお取り替えいたします。　Printed in Japan